Christoph Kaiser

Mikrowellenangeregte quecksilberfreie Hochdruckgasentladungslampen

SPEKTRUM DER LICHTTECHNIK   **BAND 3**

Lichttechnisches Institut
Karlsruher Institut für Technologie (KIT)

Mikrowellenangeregte quecksilberfreie Hochdruckgasentladungslampen

von
Christoph Kaiser

Dissertation, Karlsruher Institut für Technologie (KIT)
Fakultät für Elektrotechnik und Informationstechnik, 2013
Referenten: Prof. Dr. Wolfgang Heering
            Prof. Dr. Dr. h.c. Manfred Thumm

Impressum

Karlsruher Institut für Technologie (KIT)
KIT Scientific Publishing
Straße am Forum 2
D-76131 Karlsruhe
www.ksp.kit.edu

KIT – Universität des Landes Baden-Württemberg und
nationales Forschungszentrum in der Helmholtz-Gemeinschaft

KIT Scientific Publishing 2013
Print on Demand

ISSN 2195-1152
ISBN 978-3-7315-0039-1

Mikrowellenangeregte quecksilberfreie Hochdruckgasentladungslampen

Zur Erlangung des akademischen Grades eines

DOKTOR-INGENIEURS

von der Fakultät für

Elektrotechnik und Informationstechnik

des Karlsruher Instituts für Technologie (KIT)

genehmigte

DISSERTATION

von

M. Eng. Dipl. Ing. (FH) Christoph Kaiser

geb. in: Marburg an der Lahn

Tag der mündlichen Prüfung: 27.05.2013

Hauptreferent: Prof. Dr. Wolfgang Heering

Korreferent: Prof. Dr. Dr. h.c. Manfred Thumm

„Wer etwas Großes leisten will,
muss tief eindringen,
scharf unterscheiden,
vielseitig verbinden,
und standhaft beharren.“

Friedrich Schiller

PUBLIKATIONEN DES AUTORS[1]

ZEITSCHRIFTENARTIKEL

1. **Christoph Kaiser**, Celal Mohan Ögün, Rainer Kling, Wolfgang Heering, *Electrodeless Mercury free Microwave driven Indium Iodide based high Intensity Discharges with high Color Rendering Index*, IEEE Transactions on plasma Science, 41, 2. Jan. 2013, p77-81

PATENTSCHRIFTEN

1. **Ch. Kaiser**, *Leuchtmittel und Betriebsverfahren dafür*, DE 10 2011 008 944.6-54: 2011

2. **Ch. Kaiser**, *Thermische Stabilisierung für Gasentladungen*, DE 10 2012 001 000.1: 2012

KONFERENZBEITRÄGE

1. **Ch. Kaiser**, C. M. Ögün, R. Kling, W. Heering, *Molekulare Strahlung mikrowellenangeregter Hochdruckentladungslampen auf Indiumiodid Basis*, DPG Frühjahrstagung der Sektion AMOP (SAMOP), Jena, Germany (2013)

2. **Ch. Kaiser**, C. M. Ögün, R. Kling, *Electrodeless Mercury Free High Intensity Discharge Lamps with high Color Rendering Indices driven by Guided Microwaves*, International Symposium on the Science and Technology of Lighting (LS 13), Troy, New York, USA (2012)

---

[1] Die an dieser Stelle aufgelisteten Publikationen stehen teilweise im engen Zusammenhang mit den Ergebnissen dieser Arbeit.

3. **Ch. Kaiser**, C. M. Ögün, R. Kling, *Electrodeless Mercury Free High Intensity Discharge Lamps with high Color Rendering Indices driven by Guided Microwaves*, Proceedings of the International Symposium on the Science and Technology of Lighting (LS 13), 139-140, Troy, New York, USA (2012)

4. **Ch. Kaiser**, C. M. Ögün, R. Kling, *The Influence of Iodine Buffer in Indium(I) Iodide Based Electrodeless Mercury Free High Intensity Discharge Lamps Driven by Guided Microwaves*, International Symposium on the Science and Technology of Lighting, Troy (LS 13), New York, USA (2012)

5. **Ch. Kaiser**, C. M. Ögün, R. Kling, *The Influence of Iodine Buffer in Indium(I) Iodide Based Electrodeless Mercury Free High Intensity Discharge Lamps Driven by Guided Microwaves*, Proceedings of the International Symposium on the Science and Technology of Lighting (LS 13), 143-144, Troy, New York, USA (2012)

6. C. M. Ögün, **Ch. Kaiser**, R. Kling, *Characterization of dual metal halide emission system by microwave driven mercury free low pressure lamps*, International Symposium on the Science and Technology of Lighting (LS 13), Troy, New York, USA (2012)

7. C. M. Ögün, **Ch. Kaiser**, R. Kling, *Characterization of dual metal halide emission system by microwave driven mercury free low pressure lamps*, Proceedings of the International Symposium on the Science and Technology of Lighting (LS 13), 97-98, Troy, New York, USA (2012)

8. C. M. Ögün, **Ch. Kaiser**, R. Kling, *Characterization of transient processes inside an electrodeless low pressure mercury lamp driven with pulsed mode surface waves* , International Symposium on the Science and Technology of Lighting (LS 13), Troy, New York, USA (2012)

9. C. M. Ögün, **Ch. Kaiser**, R. Kling, *Characterization of transient processes inside an electrodeless low pressure mercury lamp driven with pulsed mode surface waves* , Proceedings of the International Symposium on the Science and Technology of Lighting (LS 13), 95-97, Troy, New York, USA (2012)

10. **Ch. Kaiser**, C. M. Ögün, R. Kling, *Operating of electrode less, indium iodide based high intensity discharge lamps within the use of plasma guided microwaves*, 39th IEEE International Conference on Plasma Science (ICOPS 2012), Edinburgh, Great Britain (2012)

11. C. M. Ögün, **Ch. Kaiser**, R. Kling, *Characterization of the Starting and Stabilization Processes Inside an Electrodeless Low Pressure Mercury Lamp Driven with Pulsed Mode Surface Waves*, 39th IEEE International Conference on Plasma Science (ICOPS 2012), Edinburgh, Great Britain (2012)

12. **Ch. Kaiser**, C. M. Ögün, R. Kling, *Betrieb von elektrodenlosen HID-Lampen durch plasmageführte Mikrowellen*, DPG Frühjahrstagung der Sektion AMOP (SAMOP), Stuttgart, Germany (2012)

13. **Ch. Kaiser**, C. M. Ögün, R. Kling, *Guided Microwave High Pressure Plasmas for General Lighting Applications with High Color Rendering Index*, Gaseous Electronics Conference, Slat Lake City, USA (2011)

14. C. M. Ögün, **Ch. Kaiser**, R. Kling, *Sequentially emission line addressing by microwave driven mercury free low pressure lamps*, Gaseous Electronics Conference, Slat Lake City, USA (2011)

15. M. Bach, S. Pieke. **Ch. Kaiser**, R. Kling, W. Heering, *DISCRETE NIR LASER SPECTROSCOPY FOR INLINE MONITORING OF UV CURING PROCESSES*, Europtrode X, Prague, Czech Republic (2010)

16. R. Kling, **C. Kaiser**, *Potenzial der Hochdruckentladungslampen - neueste Erkenntnise*, Licht 2010 19. LITG Tagung, Wien, Österreich (2010)

17. R. Kling, **C. Kaiser**, *Microwave driven conventional UHP lamps*, 12th International Symposium on the Science and Technology of Light Sources and the 3rd International Conference on White LEDs and Solid State Lighting (LS12-WLED3), Eindhoven, Netherlands (2010)

18. **Ch. Kaiser**, M. Paravia, R. Kling, *Comparison of Microwave and ECG driven Ultra High Pressure Lamps*, Proceedings of the 12th International Symposium on the Science and Technology of Light Sources and the 3rd International Conference on White LEDs and Solid State Lighting (LS12-WLED3), 465-466, Eindhoven, Netherlands (2010)

19. **Ch. Kaiser**, P. Pokrowsky, K. Wolf, *Optical behaviour of MEH-PPV in organic light emitting diodes during burn in processes*, 5th Workshop Ellipsometry, Zweibrücken, Germany (2009)

20. **Ch. Kaiser**, P. Pokrowsky, K. Wolf, *Study of the degradation of nanometer sized PPV polymer thin films enclosed in organic light emitting devices using spectroscopic ellipsometry*, Nanofair, Dresden, Germany (2008)

BETREUTE ARBEITEN

1. Claudia Hößbacher, *Charakterisierung der Verdampfung von Metall-halogenid-Füllungen in elektrodenlosen Keramikbrennern*, Bachelorarbeit, 2010

2. Sebastian Söhner, *Simulation zu mikrowellenangeregten Lampen mit der Finiten-Elemente-Methode, Studienarbeit*, 2011

3. Mario Planeck, *Induktiver Betrieb von UV-Lampen zur Wasserentkeimung*, Bachelorarbeit, 2012

4. Bilal Akra, *Digitale Richtschärfekorrektur von Hochfrequenz-Richtkopplern*, Diplomarbeit, 2012

5. Markus Katona, *Modellbildung zur Mikrowellen angeregten InI basierten HID-Lampe*, Bachelorarbeit, 2012

6. Robert Gust, *Quecksilberfreie UV-Quellen zur Erzeugung biologisch wirksamer Strahlung*, Bachelorarbeit, 2013

Inhaltsverzeichnis

1	**Einleitung**	**1**
2	**Hochdruckentladungslampen**	**7**
2.1	Lokales Thermisches Gleichgewicht	8
2.2	Stoßbestimmte Plasmen	9
	2.2.1 Verteilungsfunktionen	10
	2.2.2 Wechselwirkungsquerschnitt und Stoßfrequenz	12
	2.2.3 Ratenkoeffizienten	14
	2.2.4 Unelastische Stöße	15
	2.2.5 Coulombstöße	16
	2.2.6 Transportprozesse	17
	2.2.7 Ionen und Elektronendichte im thermischen Gleichgewicht	19
2.3	Strahlungsentstehung	19
	2.3.1 Linienstrahlung	20
	2.3.2 Linienverbreiterung	21
	2.3.3 Selbstabsorption optisch dichter Linien	25
	2.3.4 Rekombinations- und Bremsstrahlung	30
	2.3.5 Molekülstrahlung und molekülbedingte quasikontinuierliche Viellinienstrahlung	32
	2.3.6 Emissions- und Absorptionskoeffizient	35
2.4	Strahlungstransportgleichung	36
2.5	Halogenidhaltige Lampen	38

2.6 Zusammenfassung Kapitel 2 41

3 Mikrowellenanregung von Plasmen   **43**

3.1 Welle Plasma Wechselwirkung 43

    3.1.1 Elektrische Leitfähigkeit und Permittivität . . . 44

    3.1.2 Leistungstransfer 45

3.2 Verfahren zur Leistungseinkopplung 47

    3.2.1 Resonatorstrukturen 48

    3.2.2 Antennenanregung 50

    3.2.3 Induktive Anregung 53

    3.2.4 Surfatronanregung mittels Oberflächenwellen . 54

3.3 Zusammenfassung Kapitel 3 61

4 Auswahl geeigneter Lampenfüllungen   **63**

4.1 Startgas 64

4.2 Leuchtgase 68

    4.2.1 Auswahl nach dem Dampfdruck 68

    4.2.2 Auswahl nach Emissionslinien 70

    4.2.3 Auswahl nach Leitfähigkeit des Plasmas 72

    4.2.4 Abschlussbetrachtung zu den Auswahlkriterien des Leuchtgases 74

4.3 Additive zum Auffüllen des sichtbaren Spektralbereichs 75

4.4 Puffergase zum Anpassen der Plasmaeigenschaften . . 79

4.5 Lampendruck 81

4.6 Vermeidung ungewollter Prozesse 82

    4.6.1 Diffusionsprozesse von Materialien in die Gefäßwand 82

    4.6.2 Chemische Reaktionen der Füllungsmaterialien untereinander 84

    4.6.3 Änderung des Lampendrucks durch Wechselwirkung der Füllungsmaterialien 85

4.7 Zusammenfassung Kapitel 4 85

5 Modellbildung zur Indiumiodidentladung   **87**

   5.1   Modell 1: Abschätzung der elektrischen Eigenschaften   87

      5.1.1   Annahmen für die Gaszusammensetzung   88

      5.1.2   Bestimmung der Ionen und Elektronenkonzentration   89

      5.1.3   Abschätzung der Leitfähigkeit und der Permittivität   90

      5.1.4   Temperaturabhängigkeit des Skineffekts   96

      5.1.5   Zusammenfassung Modell 1   97

   5.2   Modell 2: Strahlungsentstehung   98

      5.2.1   Teilchendichteverteilung   98

      5.2.2   Strahlungsentstehung   105

   5.3   Zusammenfassung Kapitel 5   117

6 Laboraufbauten und Experimente   **119**

   6.1   Leistungseinkopplung   119

      6.1.1   Anforderungen an das Surfatron und die verwendeten Lampen   120

      6.1.2   Design des verwendeten Surfatrons und daraus folgende Limitierungen der Lampengeometrie .   122

   6.2   Lampenfertigung   128

   6.3   Betriebsgeräte und Mikrowellenmesstechnik   131

      6.3.1   Mikrowellenquelle   131

      6.3.2   Leistungsbestimmung   132

   6.4   Radiometrische und optometrische Messungen   134

      6.4.1   Bestimmung des Strahlungsflusses und des Lichtstroms   134

      6.4.2   Bestimmung der spektralen Strahldichte   138

   6.5   Thermografie   140

   6.6   Zusammenfassung Kapitel 6   148

7 Antennenanregung   **149**

7.1 Leistungsbestimmung 150

7.2 Bestimmung des Lichtstroms 152

7.3 Interpretation der Ergebnisse 155

7.4 Zusammenfassung Kapitel 7 158

8 Surfatronangeregte Lampen   **159**

8.1 Ausbildung von Oberflächenwellen bei InI Entladungen 160

8.2 Abschätzung des Lichtstroms 166

     8.2.1 Einfluss der Entladungsparameter auf die Abstrahlcharakteristik 167

     8.2.2 Abhängigkeit des Strahlungsflusses von der Bestrahlungsstärke am Spektrometermesskopf . 169

     8.2.3 Korrektur optischer Verluste 170

8.3 Auswahl des Leuchtgases 173

     8.3.1 Spektrales Verhalten von Indiumiodidfüllungen 174

     8.3.2 Spektrales Verhalten von Germaniumiodidfüllungen 177

     8.3.3 Spektrales Verhalten von Magnesiumiodidfüllungen 179

     8.3.4 Spektrales Verhalten der Mischung von Indiumiodid, Germaniumiodid und Magnesiumiodid 182

     8.3.5 Vergleich der Entladungen mit unterschiedlichen Iodidfüllungen 184

8.4 Optimierung der Lichtausbeute 188

     8.4.1 Einfluss der Indium- und Argonkonzentration auf die Entladung 188

     8.4.2 Einfluss von Diiodid und Ceriodid auf die Lampeneigenschaften 192

     8.4.3 Einfluss von Natriumiodid und Dysprosiumiodid auf die Lampeneigenschaften 198

8.4.4 Mischverhalten der eingesetzten Additive . . . 202

8.5 Effizienz und Farbwiedergabe 207

8.6 Zusammenfassung Kapitel 8 210

9 Strahlungsentstehung in Indiumiodidentladungen   **213**

9.1 Temperaturverteilung der Indiumiodidentladung . . . 214

9.2 Örtlich aufgelöste spektrale Strahldichteverteilung . . . 218

9.3 Gegenüberstellung der Experimente mit der Theorie . . 220

9.3.1 Gegenüberstellung der molekularen Absorption 221

9.3.2 Gegenüberstellung der Linienemission sowie der molekularen Emission und den Messwerten 224

9.3.3 Gegenüberstellung der experimentell ermittelten Strahldichte und der Werte der Zwei-Parameter-Näherung aus Modell 2 227

9.4 Zusammenfassung und Fazit von Kapitel 9 230

10 Zusammenfassung   **233**

Literaturverzeichnis   **237**

Abbildungsverzeichnis   **247**

Tabellenverzeichnis   **251**

Dank   **253**

Lebenslauf von Christoph Kaiser   **255**

KAPITEL 1

EINLEITUNG

Etwa 130 Jahre nach der Erfindung der ersten elektrischen Lampe durch Thomas Alva Edison [1] haben die optischen Technologien in jedem Bereich des täglichen Lebens Einzug genommen und sind dort unverzichtbar geworden. Dabei wurde 2005 ein Weltmarktvolumen von 210 Milliarden Euro erzielt. Die Beleuchtungstechnik nimmt davon einen Anteil von 9% mit in Summe 18,5 Milliarden Euro ein. Das Marktvolumen soll bis zum Jahr 2015 auf 31,9 Milliarden Euro ansteigen [2].

Besonders die Suche nach energieeffizienten und umweltschonenden Lampen spielt eine übergeordnete Rolle in der derzeitigen Entwicklung. Der Trend ist bereits seit dem Jahr 2005 abzusehen. In Stückzahlen betrachtet, waren etwa drei Viertel der verkauften Lampen Glühlampen. Aufgrund des niedrigen Preises wurden diese bevorzugt in Haushalten verwendet (vergleiche Abbildung 1.1). Die effizienteren Leuchtstofflampen oder Hochdrucklampen wurden hingegen bevorzugt im industriellen Umfeld genutzt. So wurde über die Hälfte der verbrauchten elektrischen Energie zur Lichterzeugung von Gasentladungslampen umgesetzt. Wird die von den Lampen insgesamt erzeugte Menge an Licht betrachtet, so ist der Anteil der Glühlampen dabei mit insgesamt 5% verschwindend gering [3].

Durch die Ausphasung der Glühlampen in Europa [4], hat sich die Suche nach neuartigen Lichtquellen intensiviert [5]. Hierbei steht nicht ausschließlich die reine Lichtausbeute der Systeme im Vordergrund.

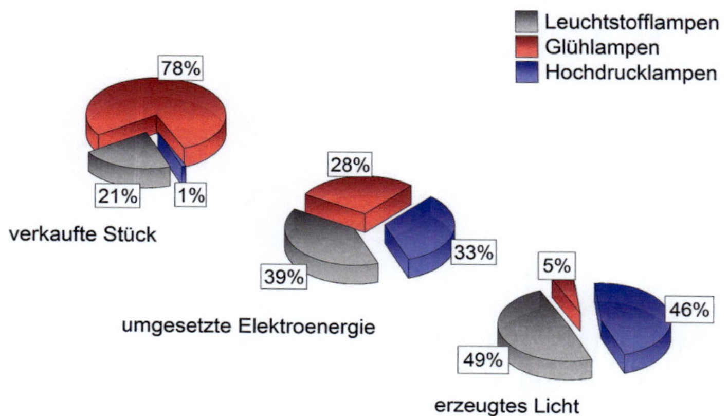

Abbildung 1.1: Aufteilung des Lampenmarktes in Lampenklassen; Die Abbildung zeigt die Aufteilung des Lampenmarktes unterteilt in verkaufte Stück an Lampen (l.), die von der Lampenart verbrauchte elektrische Energie (m.) und die Gesamtmenge des durch die Lampenart erzeugten Lichts (Stand 2005).

Auch sekundäre, nicht sichtbare Effekte des Lichtes werden in Betracht gezogen [6].

Gerade die Glühlampensubstitution durch Kompaktleuchtstofflampen stößt jedoch auf den Widerstand der Verbraucher [7]. Der gewichtigste Grund hierfür ist der Einsatz des giftigen Quecksilbers, welches beim Zerbrechen der Lampen frei wird. Diese Bedenken können auch durch den Einsatz von Amalgamen mit Quecksilber in gebundener Form nicht zerstreut werden. Darüber hinaus sind die, mit der Glühlampe verglichenen, schlechten Farbwiedergabeeigenschaften der Lampen sowie der lange Hochlauf auf die Betriebstemperatur unerwünscht.

Das Verlangen nach quecksilberfreien Lichtquellen mit außerordentlichen Farbwiedergabeeigenschaften ist daher so hoch wie nie zuvor. Neue Technologien, wie etwa die Licht emittierenden Dioden (LED) oder die organischen Licht emittierenden Dioden (OLED), können die Anforderungen teilweise erfüllen.

Allerdings sind auch diesen Technologien Grenzen gesetzt. Gerade in den Bereichen in denen punktuell sehr große Lichtströme benötigt werden, wie es beispielsweise in Projektionssystemen der Fall ist, haben sich die Hochdruck-Gasentladungslampen durchgesetzt [5].

Dieser Trend setzt sich in der stetigen Weiterentwicklung von Hochdrucklampen fort. Durch die Verbesserung der Brennertechnologien hin zu keramischen Entladungsgefäßen und der thermischen Lampenstabilisierung durch evakuierte Hüllkolben konnten zwischen 2008 und 2010 metallhalogenidhaltige Lampen mit Lichtausbeuten von über 130 lm/W realisiert werden [5]. In neueren Arbeiten konnten die Ausbeuten quecksilberhaltiger Metallhalogenidlampen durch das gezielte Ausnutzen akustischer Resonanzen in Brennern mit hohem Aspektverhältnis auf 150 lm/W mit Farbwiedergabeindizees von $CRI > 80$ gesteigert werden [8].

Quecksilberfreie Lampen weisen geringere Lichtausbeuten auf. Bei ähnlicher Technologie konnten hierbei Lichtausbeuten zwischen 60 lm/W und 80 lm/W erzielt werden [9]. Das Hauptkriterium der eher niedrigen Lichtausbeuten liegt in den, im Vergleich zu quecksilberhaltigen Lampen, niedrigeren Brennspannungen. Bei gleicher Elektrodenbelastung kann daher weniger Leistung in der Lampe umgesetzt werden. Da Hochdrucklampen generell von hohen Betriebsleistungen profitieren muss ein Weg gefunden werden, die Lampen mit hohen Leistungen zu betreiben, ohne dass die Elektroden diese limitieren.

Der einfachste Weg zur Reduktion der Elektrodenbelastung ist der elektrodenlose Betrieb von Lampen durch hochfrequente Wechselfelder. Die erste Demonstration einer hochfrequent betriebenen Gasentladung zur Lichterzeugung ist auf Nikola Tesla selbst im Jahre 1891 zurückzuführen [10].

Die erste kommerzielle, elektrodenlos betriebene Lampe zur Beleuchtung wurde jedoch erst 1995 realisiert. Hierbei handelt es sich um eine mikrowellenbetriebene Gasentladungslampe, in der Schwefel als Leuchtgas eingesetzt wird [11]. Das emittierte Licht der Lampe ist weiß, und bevorzugt auf die molekulare Strahlung des Schwefeldimers zurückzuführen [12].

Die hauptsächliche Limitierung der hochfrequenten Lampen lag, neben dem Mangel an Grundlegenden Untersuchungen des hochfrequenten Betriebs, vor allem in der teuren und ineffizienten Elektronik zum Betrieb der Lampen, die allerdings in den letzten Jahren deutlich verbessert wurde. Die erforderlichen Technologien stehen somit zur Verfügung [11].

Besonderes Augenmerk der Forschung und Entwicklung in jüngster Zeit liegt dabei auf der Mikrowellenanregung von Hochdruck-Gasentladungslampen. Die Untersuchungen erstrecken sich vor allem über die Strukturen zur Einkopplung von Mikrowellen in Plasmen sowie der Auswahl von geeigneten Gasen für solche Entladungen. Kerngedanke bei diesen ist immer der leistungsangepasste Transfer der Mikrowelle in die Entladung.

Hierfür werden beispielsweise dielektrische Resonatorstrukturen genutzt [13], [14]. Allerdings sind für diesen Ansatz noch keine verlässlichen Daten der lichttechnischen Größen verfügbar.

Neben der Resonatorstruktur in Topfkonfiguration zur Einkopplung von Mikrowellen, wie sie für Schwefellampen genutzt wird, ist die Resonant Cavity [15] die am weitesten entwickelte Übertragerstruktur für Hochdruck-Gasentladungslampen. Die Grundstruktur hat Ähnlichkeit mit derjenigen des Surfatrons [16], jedoch wird diese genutzt, um ein axiales elektrisches Feld in die Entladung einzuprägen. Die Resonant Cavity wurde in mehreren Ausführungsformen adaptiert [17], [18]. Die Struktur ermöglicht neben dem Betrieb von quecksilberhaltigen Lampen auch den Betrieb von quecksilberfreien Hochdruck-Gasentladungen zur Lichterzeugung. Der Nachteil dabei liegt allerdings nach wie vor in der Abschattung eines hohen Anteils des erzeugten Lichts durch die Struktur selbst [17] [19].

Die vorliegende Arbeit gliedert sich nahtlos in die beschriebenen Forschungs- und Entwicklungstätigkeiten ein. Ausgehend von den elementaren Grundlagen der Hochdruckentladungslampen, der Mikrowellen-Plasma-Wechselwirkung und geeigneten Aufbauten zum Leistungseintrag in eine Entladung, wird eine komplette Vorentwicklung von quecksilberfreien Hochdruckgasentladungslampen durchgeführt.

Die methodischen Entwicklungsschritte sind beschrieben. Nach dem Vergleich verschiedener Systeme zum Leistungseintrag in Plasmen wird das Surfatron gewählt, um eine gezielte Lampenentwicklung durchzuführen.

Aufbauend auf einer theoretischen Vorselektion geeigneter Lampenfüllungen als Leucht-, Start und Puffergase, sowie weiterer Additiven werden diese im experimentellen Teil untersucht. Durch die Verwendung von Indiumiodid basierten Entladungen werden dabei hohe Farbwiedergaben bei geeigneten Lichtausbeuten für Projektionszwecke möglich.

Im Vordergrund der Entwicklung steht immer die Übertragbarkeit auf kommerzielle Systeme. Als typische Anwendung für eine Lampe, wie sie in dieser Arbeit beschrieben ist, wurden Projektionssysteme identifiziert, in denen hohe Leuchtdichten mit sehr hoher Lichtqualität benötigt werden. Darüber hinaus können für diese Anwendungen hochpreisige Systeme zur Lichterzeugung eingesetzt werden, deren

Kosten durch überragende Farbwiedergabeeigenschaften gerechtfertigt werden können. Somit wird die Technologie, die in dieser Arbeit entwickelt wird, nicht durch die teuren Vorschaltgeräte zur Erzeugung der Mikrowellen gehemmt. Bei einer stetigen Verbesserung zu höheren Lichtausbeuten und niedrigeren Preisen können die Lampen auch in der Allgemeinbeleuchtung Anwendung finden.

Neben der reinen Entwicklungsarbeit werden die Strahlungsmechanismen der Lampen untersucht. Hierzu wird ein Modell der molekülbedingten Strahlungsentstehung in der Schwefellampe für Indiumiodidentladungen im atmosphärischen Druckbereich adaptiert und um die Linienemission des Indiums erweitert. Die theoretischen Ergebnisse werden experimentell bestätigt. Dabei werden Eigenschaften des Indiumiodidspektrums wie die stark ausgeprägte, bisher nicht identifizierte Kontinuumsstrahlung im sichtbaren und infraroten Spektralbereich, sowie bisher nicht identifizierte Selbstabsorptionslinien erklärt.

Die Machbarkeit von mikrowellenangeregten quecksilberfreien Hochdruckgasentladungslampen auf Indiumiodidbasis wird in Form der Vorentwicklung gezeigt. Darüber hinaus werden wesentliche spektrale Eigenschaften der Indiumiodidentladung theoretisch erklärt und experimentell verifiziert.

KAPITEL 2

HOCHDRUCKENTLADUNGSLAMPEN

Hochdruckentladungslampen (HID-Lampen) nehmen einen hohen Stellenwert in der Erzeugung des künstlichen Lichts ein. Die verwendeten Lampen liefern dabei sehr hohe Lichtströme und bieten gute colorimetrische Eigenschaften.

Bei Hochdruckentladungslampen kann in den meisten Anwendungen aufgrund der hohen Anzahl von Stößen aller beteiligten Teilchen untereinander vom lokalen thermischen Gleichgewicht (local thermodynamic equilibrium LTE) ausgegangen werden. Das Plasma ist stoßbestimmt und weist einheitliche Temperaturen für Elektronen, Ionen und Neutralteilchen auf.

Die Aufrechterhaltung der Entladung wird durch joulsche Wärmezufuhr erzielt. Hierbei geben im elektrischen Feld beschleunigte Elektronen und Ionen ihre Energie sehr schnell an Neutralteilchen ab. Durch eine Vielzahl von Prozessen entsteht kontinuierliche Strahlung und Linienstrahlung im sichtbaren Spektralbereich.

Die Funktionsprinzipien dieser Lampengattung sollen im Folgenden beschrieben werden. Weiterführend wird auf die Werke von Flesch [20], Popp [21], Barrault [22] und Rieder [23] als Sekundärliteratur verwiesen.

2.1 LOKALES THERMISCHES GLEICHGEWICHT

Bei HID Lampen finden Plasmen im lokalen thermischen Gleichgewicht Anwendung. Dies ist eine Reduzierung der Anforderungen eines thermischen Gleichgewichts. In diesem sind alle Prozesse durch die Maxwell und Boltzmann Verteilungen beschrieben (siehe Kapitel 2.2.1). Die Bedingungen für ein thermisches Gleichgewicht sind nach [21] und [20]:

1. Die Geschwindigkeitsverteilung aller im Plasma enthaltener Teilchen kann mit der Maxwellverteilung mit der einheitlichen Temperatur beschrieben werden.

2. Alle diskreten Energieniveaus der Teilchen sind nach der Boltzmann Verteilungsfunktion besetzt.

3. Die nach der Dissoziation von Molekülen entstehenden Anzahldichten der beteiligten Teilchen sind durch das Massewirkungsgesetz bestimmt.

4. Das Verhältnis der durch Ionisation entstehenden Teilchendichten zu den ursprünglichen Teilchendichten kann durch die Saha-Gleichung beschrieben werden.

5. Die emittierte Strahlungsenergiedichte ist gleich der absorbierten Strahlungsenergiedichte.

In HID Lampen sind die Bedingungen für das thermische Gleichgewicht nicht erfüllt. Zum einen sind die Plasmen immer durch eine Wand irgendeiner Art limitiert und werden durch diese gekühlt, zum anderen ist die Hauptaufgabe der Lampe die Erzeugung von Licht. Somit muss elektromagnetische Strahlung das System verlassen können, was einen eindeutigen Verstoß gegen oben genannte Bedingung 5 darstellt. Die absorbierte und emittierte Strahlungsenergiedichte befindet sich nicht im Gleichgewicht.

Allerdings kann ein lokales thermodynamisches Gleichgewicht zugrunde gelegt werden. Hierbei wird das thermodynamische Gleichgewicht lediglich in infinitesimal kleinen Bereichen der Entladung mit gleicher Temperatur erzielt. Somit kann ein Temperaturgradient berücksichtigt werden. Die Bedingung 5 wird dabei auf die Strahlung des Plasmas reduziert, von der angenommen wird, dass sie das infinitesimale Volumen verlässt. Alle anderen Punkte sind dabei erfüllt. Dies kann abhängig von den Randbedingungen in Hochdruckentladungslampen für Drücke oberhalb von 10^5 Pa - 10^4 Pa vorausgesetzt werden [20].

Eine ausführliche formale Beschreibung der Bedingungen für LTE ist beispielsweise in [20], [21] und [24] gegeben und soll an dieser Stelle nicht wiederholt werden. Bei den Betrachtungen in dieser Arbeit wird immer vom LTE ausgegangen.

2.2 STOSSBESTIMMTE PLASMEN

Wie beschrieben handelt es sich bei Hochdruckentladungslampen um stoßbestimmte Plasmen im lokalen thermodynamischen Gleichgewicht. Im Folgenden sollen die Gesetzmäßigkeiten, denen solche Entladungen unterliegen allgemeingültig erläutert werden. Die prinzipiellen Zusammenhänge werden in Kapitel 5 genutzt, um die in dieser Arbeit untersuchten Plasmen zu modellieren.

Bei den Ausführungen handelt es sich im Wesentlichen um Grundlagen, die bereits Einzug in gängige Fachliteratur erhalten haben. Hervorgehoben werden sollen dabei die Werke von A. Piel [25] und P. Flesch [20] sowie die älteren aber immer noch gültigen Werte von F. F. Chen [26] und W. Rieder [23]. Von besonderem Interesse für mikrowellenangeregte Entladungen sind die Arbeiten von M. Moisan mit dem Hauptwerk [16].

Alle Vorgänge im LTE lassen sich über die Energiebilanz der beteiligten Komponenten (Atome, Ionen und Elektronen) beschreiben. Hierbei wird davon ausgegangen, dass in einem kleinen Volumenelement thermisches Gleichgewicht besteht. Alle beteiligten Teilchen besitzen demnach dieselbe mittlere Temperatur. Die Plasmen selbst lassen sich über Verteilungsfunktionen beschreiben.

Die Stöße der Teilchen in einem Plasma lassen sich durch die Verwendung geeigneter Stoßparameter beschreiben. Dies wird in Kapitel 2.2.5 und Kapitel 2.2.4 näher ausgeführt. Elementare Eigenschaften des Plasmas wie die Leitfähigkeit und Permeabilität sowie Elektronen und Ionendichten lassen sich daraus bestimmen.

2.2.1 VERTEILUNGSFUNKTIONEN

In einem thermisch bestimmten System können die Besetzungswahrscheinlichkeiten der Energieniveaus n_i/n_k in Abhängigkeit der Temperatur nach der Boltzmannverteilung angegeben werden [25], [26]. Diese ergeben sich zu

$$\frac{n_i}{n_k} = \frac{Z_i}{Z_k} \cdot exp\left(-\frac{E_i - E_k}{k_B T} \right) \tag{2.1}$$

mit n_i/n_k der Besetzungswahrscheinlichkeit, bzw. der relativen Populationsdichte der beteiligten Zustände i und k, der Energie der Zustände E_i und E_k und den zugehörigen Zustandssummen Z_i und Z_k. k_B und T stellen die Boltzmann Konstante sowie die absolute Temperatur dar.

Die Geschwindigkeitsverteilung der einzelnen Teilchen im Plasma folgt dabei der Maxwell-Boltzmann Verteilungsfunktion der Geschwindigkeiten f_M^α [25], [26]. Im R^1 ergibt sich diese zu

$$f_M^{(1)}(v_x) = a \cdot exp\left(-\frac{m\, v_x^2}{2k_B T} \right) \tag{2.2}$$

mit der Masse des beschriebenen Teilchens m, der Teilchengeschwindigkeit v_x und dem Korrekturfaktor a.

Das Integral über der Verteilungsfunktion $f_M^{(1)}$ ist dabei die Teilchenanzahl:

$$n = \int_{-\infty}^{\infty} f_M^{(1)}(v_x)\, dv_x \tag{2.3}$$

die Normierungskonstante a ergibt sich zu:

$$a = n\sqrt{\frac{m}{2\pi k_B T}} \tag{2.4}$$

Die Halbwertsbreite der Maxwellverteilung stellt dabei die wahrscheinlichste Geschwindigkeit v_T dar [25].

$$v_T = \sqrt{\frac{2k_B T}{m}} \tag{2.5}$$

Für den dreidimensionalen Raum (R^3) folgt die Verteilungsfunktion als Produkt über den Raumrichtungen aus R^1 und ergibt sich zu:

$$f_M^{(3)}(v) = a' \cdot f_M^{(1)}(v_x) \cdot f_M^{(1)}(v_y) \cdot f_M^{(1)}(v_z) \tag{2.6}$$

$$= n\left(\frac{m}{2\pi k_B T}\right)^{3/2} exp\left(-\frac{m\left(v_x^2 + v_y^2 + v_z^2\right)}{2k_B T}\right)$$

Zur Beschreibung der Eigenschaften in einem Plasma ist die Richtungskomponente der Geschwindigkeit jedoch meist nicht von Bedeutung, sondern lediglich der Betrag relevant. Dies kann in der Verteilungsfunktion berücksichtigt werden. Im Folgenden soll v immer den Betrag der Geschwindigkeit darstellen. Die Verteilungsfunktion für die Beträge der Geschwindigkeit ist:

$$f_M(v) = 4\pi v^2 n \left(\frac{m}{2\pi k_B T}\right)^{3/2} exp\left(-\frac{m\,v^2}{2k_B T}\right) \tag{2.7}$$

Daraus resultiert die mittlere thermische Geschwindigkeit v_{th} und die mittlere kinetische Energie E_{kin}.

$$v_{th} = \frac{1}{n} \int\limits_0^\infty f_M(v) v \, dv \tag{2.8}$$

$$= \sqrt{\frac{8 k_B T}{\pi m}}$$

$$\langle E_{kin} \rangle = \frac{1}{n} \frac{m}{2} \int\limits_0^\infty f_M(v) v^2 \, dv \tag{2.9}$$

$$= \frac{3}{2} k_B T$$

2.2.2 WECHSELWIRKUNGSQUERSCHNITT UND STOSSFREQUENZ

Für Plasmen im lokalen thermischen Gleichgewicht stellen die Stöße einen der elementarsten Prozesse dar. Um dies näher zu erläutern, ist es unumgänglich zunächst die Prozesse der Stöße zu konkretisieren. Die wichtigste Grundgröße, die nicht nur im Gleichstromfall die elektrischen Eigenschaften der Entladung bestimmt, sondern auch im hochfrequenten Wechselfeld, ist die Stoßfrequenz. Um diese näher zu erläutern, muss zuvor der Begriff des Stoßquerschnitts definiert werden.

STOSSQUERSCHNITT

Bewegt sich ein Teilchen mit dem Radius R_t geradlinig durch ein Volumen in dem Zielteilchen mit dem Radius R_z vorhanden sind, so wird ein Zielteilchen gestoßen, wenn der Abstand der Flugbahn des bewegten Teilchens zum Mittelpunkt des Zielteilchens $d \leq R_v + R_z$ ist. Weist das bewegte Teilchen im Vergleich zu dem Zielteilchen einen wesentlich kleineren Radius auf [1], ist lediglich der Radius des Zielteilchens R_z von Bedeutung. Aus den Zusammenhängen ergibt sich die Wahrscheinlichkeit dafür, ob in einem Zeitintervall t ein Stoß stattfindet. Wird ein Strom von Elektronen angenommen, der mit einer Geschwindigkeit v durch ein zylinderförmiges Volumen mit der Grundfläche πR_v^2 fließt, wird in dem Zeitintervall t eine Strecke von $s = v \cdot t$ zurückgelegt. Das duchstrichene Volumen ergibt sich zu $V = \pi R_v^2 \cdot v \cdot t$. Ausgehend von der vorangegangenen Betrachtung ergibt sich die Wahrscheinlichkeit des Stoßes mit einem Zielteilchen in dem Zeitintervall t aus der Querschnittsfläche des Zielteilchens in Proportion zu der Zylindergrundfläche. Sind mehrere Zielteilchen vorhanden, so addieren sich die Wahrscheinlichkeiten. Die Wahrscheinlichkeit des Stoßes in dem Zeitintervall t ist

$$
w(t) = \underbrace{n_z \cdot t \cdot \pi R_v^2 v}_{\substack{\text{Anzahl der} \\ \text{Zielteilchen}}} \cdot \underbrace{\frac{\pi R_z^2}{\pi R_v^2}}_{\substack{\text{Einzelstoßwahr-} \\ \text{scheinlichkeit}}} = t \cdot n_z \cdot \pi R_z^2 \quad (2.10)
$$

mit n_z der Zielteilchendichte. Die Querschnittsfläche der Zielteilchen wird als Wechselwirkungsquerschnitt oder Stoßquerschnitt Q deffiniert [25] [26] [23] [16].

---

[1] wie für Elektronen und Atome der Fall

STOSSFREQUENZ

Unter Ausnutzung des definierten Stoßquerschnitts lässt sich somit auch die Stoßfrequenz v_{coll} angeben. Aus der Volumendichte der Ziele und deren Stoßquerschnitt lässt sich die mittlere Zeit zwischen zwei Stößen τ_{coll} bestimmen. Diese ergibt sich zu:

$$\tau_{coll} = \frac{1}{v_{coll}} = \frac{1}{Qvn_A} \tag{2.11}$$

Wobei n_A die Volumendichte der Ziele, in diesem Fall der Atome, darstellt. Die Stoßfrequenz v_{coll} ergibt sich zu dem Kehrwert der mittleren Stoßzeit τ_{coll}.

$$v_{coll} = Qvn_A \tag{2.12}$$

Mit der Geschwindigkeit ergibt sich die mittlere freie Weglänge λ_{mfp}.

$$\lambda_{mfp} = \frac{1}{Qn_A} \tag{2.13}$$

Die wichtigsten Parameter zur statistischen Beschreibung von Stößen im Plasma sind somit gegeben [25] [26] [23] [16].

2.2.3 RATENKOEFFIZIENTEN

Für die Verteilung der Teilchendichten zwischen Elektronen, Ionen und Neutralteilchen im thermischen Gleichgewicht ist es zweckmäßig Ratenkoeffizienten für die Ionisation, respektive die Anregung der beteiligten Teilchen zu definieren [25]. Hierdurch lässt sich die Anzahl der ionisierenden Stöße pro Zeitintervall in Abhängigkeit zur Elektronentemperatur T_e angeben. Der Ratenkoeffizient für die Ionisation durch Elektronen ergibt sich definitionsgemäß über das Mittel des Ionisationsquerschnitts-Geschwindigkeits-Produkts $Q_{ion} \cdot v$, unter der Annahme des thermischen Gleichgewichts, zu

$$\langle Q_{ion} v \rangle = \frac{1}{n_e} \int_0^\infty Q_{ion}(v) \, v \, f_e(v) \, dv \qquad (2.14)$$

und die mittlere Ionisationsfrequenz eines Elektrons zu

$$\nu_{ion} = n_a \langle Q_{ion} v \rangle = \frac{n_a}{n_e} \int_0^\infty Q_{ion}(v) \, v \, f_e(v) \, dv \qquad (2.15)$$

mit dem Wechselwirkungsquerschnitt für die Ionisation durch Elektronenstöße Q_{ion}.

Die Ionisationsfrequenz kann aus dem Überlapp des Ionisationsquerschnitts als Funktion der Elektronenenergie und der Maxwellschen Geschwindigkeitsverteilung gesehen werden. Nur der Ausläufer der Geschwindigkeitsverteilung wirkt ionisierend.

2.2.4 UNELASTISCHE STÖSSE

Im Gegensatz zu elastischen Stößen, die lediglich einen Impulsübertrag zwischen den einzelnen beteiligten Teilchen darstellen, führen unelastische Stöße in einem Plasma zur Ionisation oder der Anregung eines Atoms. In diesem Fall kann nicht von einem konstanten Wechselwirkungsquerschnitt ausgegangen werden. Vielmehr ist der Wechselwirkungsquerschnitt für den jeweiligen Prozess stark abhängig von der Geschwindigkeit der beteiligten Teilchen. Für alle elementaren Prozesse der Anregung und Ionisation wirkt immer nur der Überlapp der Energieverteilungsfunktion mit der Funktion des Wechselwirkungsquerschnitts in Abhängigkeit der Energie, wie bereits für die Ionisation beschrieben [25].

2.2.5 COULOMBSTÖSSE

Bei hoher Ionisierung des Plasmas sind Coulombstöße bevorzugt. Diese sind unabhängig von der Spezies und lediglich abhängig von der Ionenladung. Die Ablenkung der Elektronen geschieht hierbei vollständig über die coulombsche Wechselwirkung. Anschauliche Erklärungen hierzu sind in [25] und [26] gegeben und sollen an dieser Stelle lediglich zusammengefasst werden.

Bei Coulombstößen wird ein Elektron durch das statische elektrische Feld des Ions angezogen und verändert dadurch seine Flugbahn. Der maximale Energieübertrag des Elektrons auf das Ion geschieht bei einer Ablenkung der Flugbahn des Elektrons um $90°$. Für diesen Fall ist die kinetische Energie des Elektrons gerade so groß wie die coulombsche Anziehungskraft, die auf dieses wirkt. Somit lässt sich der Abstand des unabgelenkten Elektrons zum Zentrum des Ions bestimmen. Dieser Abstand ist der Stoßparamter $b_{90°}$ und ergibt sich zu:

$$b_{90°} = \frac{e^2}{4\pi\epsilon_0 m_e v_e^2}$$
(2.16)

Der Stoßparameter muss dabei kleiner als die Debyelänge λ_D des betrachteten Plasmas sein. Die Stoßfrequenz ν_{ei} für die $90°$-Streuung zwischen Elektronen und Ionen ergibt sich über den Stoßquerschnitt für die $90°$-Streuung ($Q_{90°} = \pi b_{90°}^2$) zu:

$$\nu_{ei} = n\,Q_{90°}\,v = \frac{ne^4}{16\pi\epsilon_0^2 m_e^2 v^3}$$
(2.17)

Gleichung 2.17 stellt eine Näherung für Stöße mit einer Elektronenablenkung um $90°$ dar. Diese Ablenkung und damit einhergehend der Impulsübertrag des Elektrons auf Ionen lässt sich auch durch eine Vielzahl von Kleinwinkelstößen erzeugen. Durch Summation über alle beteiligten Stöße lässt sich die Spitzerresistivität für hochionisierte Plasmen bestimmen [27]. Diese ergibt sich zu:

$$\eta_s = \frac{\pi e^2 m_e^{1/2}}{(4\pi\epsilon_0)^2 \, (k_B T)^{3/2}} \, ln\,\Lambda \qquad (2.18)$$

mit $ln\,\Lambda \approx ln\,(\lambda_D/b_{90°}) = ln\,(4\pi N_D)$, in Abhängigkeit der Partikelanzahl N_D in einer Debyekugel.

Zur Berechnung der komplexen Leitfähigkeit im hochfrequenten Wechselfeld wird jedoch die effektive Stoßfrequenz, bzw. der effektive Stoßquerschnitt und nicht die Gleichstromleitfähigkeit benötigt. Mit $\eta = m_e v_{ei}/ne^2$ lässt sich ein Ausdruck für den effektiven Stoßquerschnitt für Vielteilchenstreuung finden. Dieser ergibt sich zu:

$$Q_{ei} = Q_{90°} \cdot ln\,\Lambda \qquad (2.19)$$

2.2.6 TRANSPORTPROZESSE

In diesem Kapitel soll auf die wesentlichen Transportprozesse zur elektrischen Leistungseinspeisung in ein Plasma eingegangen werden. Der Leistungstransfer lässt sich über ein joulsches Erwärmen der Entladung beschreiben [16], [28]. Die entscheidenden Parameter hierbei sind die Leitfähigkeit und die Permeabilität des Plasmas. Diese resultieren aus der Mobilität der Elektronen.

MOBILITÄT UND DRIFT NACH DER DRUDE-THEORIE

In schwach ionisierten Plasmen kann die Bewegungsgleichung der Elektronen aufgestellt werden. Stößt ein Elektron mit einem Neutralteilchen, so wird kinetische Energie an dieses übertragen. Mit der

Beschleunigung im konstanten elektrischen Feld und den Elektron-Neutralteilchen-Stößen als Reibungskraft (Langevinkraft) ergibt sich die Bewegungsgleichung eines Elektrons zu:

$$m_e \, \frac{d\bar{v}}{dt} = - eE - m\bar{v}\nu_m \tag{2.20}$$

Die Lösung dieser Gleichung ergibt sich im Eindimensionalen zu:

$$\bar{v}(t) = - \frac{eE}{m_e\nu_m} \left(1 - e^{-\nu_m t}\right) + v(0)e^{-\nu_m t} \tag{2.21}$$

Diese Gleichung enthält zwei Terme. Der Erste entspricht der Driftgeschwindigkeit der Elektronen, die sich aus der Nettokraftwirkung des elektrischen Feldes und der Reibungskraft (Langevinkraft) einstellt.

$$v_d = - \frac{e}{m\nu_m}E \tag{2.22}$$

Der zweite Term beschreibt die Schwächung der Initialbewegung des Elektrons durch Stöße.

Somit kann die Beweglichkeit μ_e des Elektrons abgeleitet werden:

$$\mu_e = \frac{e}{m_e\nu_m} \tag{2.23}$$

In Analogie resultiert die Beweglichkeit der Ionen zu:

$$\mu_i = \frac{e}{m_i\nu_m} \tag{2.24}$$

ELEKTRISCHE LEITFÄHIGKEIT

Aus der Driftgeschwindigkeit folgt die Bestimmung der elektrischen Leitfähigkeit für den Fall schwach ionisierter Plasmen. Über die Mobilität kann die Stromdichte bestimmt werden. Diese ergibt sich bei Quasineutralität zu:

$$j = ne(\mu_e + \mu_i)E = \sigma E \tag{2.25}$$

Auf Grund der höheren Masse und damit einhergehenden niedrigeren Beweglichkeit der Atome μ_a kann die Leitfähigkeit über die Elektronenbeweglichkeit angenähert werden.

$$\sigma \approx \sigma_e = ne\mu_e = \frac{ne^2}{m_e \nu_m} \tag{2.26}$$

Die genauere Beschreibung der elektrischen Leitfähigkeit im Wechselfeld wird an dieser Stelle auf Kapitel 3.1.1 verwiesen.

2.2.7 Ionen und Elektronendichte im thermischen Gleichgewicht

Die Anzahl der Elektronen und Ionen im Plasma lässt sich unter der Voraussetzung des thermischen Gleichgewichts mit Hilfe der Saha-Gleichung

$$\frac{n_e\, n_i}{n_0} = \frac{g_e\, g_i}{g_0}\, \frac{(2\pi m_e k_B T)^{3/2}}{h^3}\, exp\left(-\frac{E_i}{k_B T}\right) \tag{2.27}$$

berechnen. Hierbei sind g_e, g_i und g_0 die Entartungen für Elektronen, Ionen und Atome [20] [23] [29] [30] [31]. Die Zustandssumme für Elektronen ergibt sich zu $g_e = 2$ da die Spinquantenzahl lediglich die Werte $s = \pm 1/2$ annehmen kann [23].

2.3 Strahlungsentstehung

Werden die verwendeten Plasmen zur Lichterzeugung genutzt, so soll bevorzugt optische Strahlung entstehen. Die Vorgänge zur Strahlungsentstehung sind im Folgenden erläutert. Grundlage für die Erläuterungen bilden unter anderen [20], [21], [32], [33], [34] und [35].

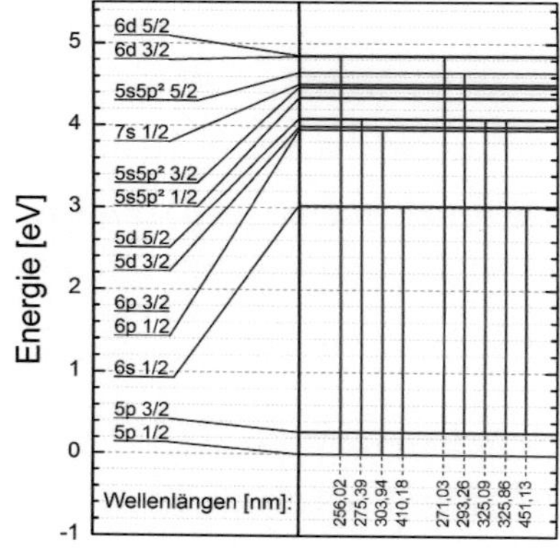

Wellenlänge [nm]	Übergang
256,02	5p 1/2 - 6d 3/2
275,38	5p 1/2 - 7s 1/2
303,94	5p 1/2 - 5d 3/2
410,18	5p 1/2 - 6s 1/2
271,03	5p 3/2 - 6d 5/2
293,26	5p 3/2 - 7s 1/2
325,61	5p 3/2 - 5d 5/2
325,89	5p 3/2 - 5d 3/2
451,13	5p 3/2 - 6s 1/2

Abbildung 2.1: Termschema von Indium; Die Abbildung zeigt das Termschema der Indiumübergänge und der beteiligten Energieniveaus, sowie eine Auflistung der beteiligten Orbitale.

2.3.1 LINIENSTRAHLUNG

Einer der wichtigsten Prozesse zur Lichterzeugung in HID Lampen ist die elementspezifische Linienstrahlung.

Hierbei relaxiert ein z.B. durch Elektron-Atom-Stoß angeregtes gebundenes Elektron. Die Relaxation kann direkt oder über Zwischenniveaus erfolgen. Je nach Übergang wird die Energiedifferenz dabei als Strahlung mit der spezifischen Wellenlänge frei [20], [36]. Abbildung 2.1 zeigt das Termschema des in dieser Arbeit verwendeten Indiums. Die emittierte Linienstrahlung in diesem Beispiel liegt somit im ultravioletten Spektralbereich an der Grenze zum Sichtbaren.

Eine genaue Aufstellung der Linienstrahlung für die in dieser Arbeit als Leuchtgas genutzten Materialien (vgl. Abbildung 4.4) sowie die Diskussion der weiteren Eigenschaften ist in Kapitel 4.2 gegeben.

Der Emissionskoeffizient für Linienstrahlung ϵ_l lässt sich unter Annahme von LTE und bekannten Einstein-Koeffizienten A_{ij} des beteiligten Übergangs von Energieniveau i nach Energieniveau j berechnen und ist gegeben durch Formel 2.28 [20] vgl. [23].

$$\epsilon_{\lambda,i,j} = \frac{hc}{\lambda_{ij}} \cdot A_{ij} \cdot n_A \, \frac{g_n}{Z} \, exp\left(-\frac{E_n}{kT}\right) \, \Phi_{ij}(\lambda) \qquad (2.28)$$

Mit den Einstein Koeffizienten A_{ij}, der Atomdichte n_A, dem statistischen Gewicht g_n, der Zustandssumme Z der Energie des oberen Zustands E_n und dem Linienprofil $\Phi_{ij}(\lambda)$ (vgl. [37], [20], [38]).

2.3.2 LINIENVERBREITERUNG

Emittierte Spektrallinien weisen immer eine endliche Schärfe auf. Im Folgenden sollen die wichtigsten Verbreiterungsmechanismen beschrieben werden.

DIE NATÜRLICHE LINIENBREITE

Die natürliche Linienbreite ist die Verbreiterung der Spektrallinien aufgrund der heisenbergschen Unschärferelation. Einem angeregten Zustand kann eine Lebensdauer τ zugeschrieben werden. Aus der Energie-Zeit-Unschärfe folgt mit der Lebensdauer als Unschärfe der Zeit die Unschärfe der Energie nach Formel 2.29.

$$\Delta E \cdot \tau \geq \frac{\hbar}{2} \qquad (2.29)$$

Mit der Energieunschärfe ΔE, der Lebensdauer des Zustands τ und dem reduzierten planckschen Wirkungsquantum [2] $\hbar$.

Typische Lebensdauern liegen bei $\tau = 10^{-8}$ s [20] [23]. Daraus ergeben sich Energieunschärfen in der Größenordnung von $\Delta E = 10^{-7}$ eV.

DIE DOPPLERVERBREITERUNG

Die Dopplerverbreiterung beschreibt die Verbreiterung der Spektrallinien bedingt durch die Bewegung der Atome. Diese bewegen sich mit statistisch bestimmter Geschwindigkeit im Raum. Bewegt sich ein strahlendes Atom mit der Geschwindigkeit v_A auf den Beobachter zu bzw. entfernt sich von diesem, so resultiert eine Frequenzverschiebung $\Delta \nu = \pm\ \nu_0 \cdot v_A / c$ durch den Dopplereffekt. Mit Hilfe der maxwellschen Geschwindigkeitsverteilung lassen sich die Linienbreiten bestimmen. Nähere Informationen hierzu können [32] entnommen werden. Die Dopplerverbreiterung liegt für gewöhnlich im sub-nanometer Bereich.

Bei Dopplerverbreitung kann das Linienprofil $L_d(\omega)$ näherungsweise als Gauß-Profil angegeben werden und ergibt sich zu [39]:

$$L_D(\omega) = \frac{exp\left(-\left(\frac{\Delta\omega}{\omega_D}\right)^2\right)}{\sqrt{\pi}\,\omega_D} \qquad (2.30)$$

Mit dem Doppler Verbreiterungsparameter ω_D:

---

[2] $\hbar = \frac{h}{2\pi}$, mit dem planckschen Wirkungsquantum h

$$\omega_D = \sqrt{\frac{2kT}{mc^2}} \cdot \omega_0 \qquad (2.31)$$

Mit dem Abstand der Kreisfrequenz der Strahlung zur Übergangs-kreisfrequenz $\Delta\omega = \omega - \omega_0$, der Übergangskreisfrequenz ω_0, der Temperatur T, der Masse des Strahlers m und der Lichtgeschwindigkeit c [40], [38].

DIE DRUCKVERBREITERUNG

Im Folgenden werden die wichtigsten Verbreiterungsmechanismen beschrieben, die auf den Druck und somit der Teilchenanzahl zurück-zuführen sind. Alle Vorgänge sind darauf zurückzuführen, dass der Emissionsvorgang eines Strahlers durch Wechselwirkungen mit anderen beteiligten Teilchen gestört wird. Der extreme Grenzfall dieser Verbreiterungen ist der Schwarze Strahler für den Fall, dass alle Atome sehr eng beieinander liegen [20].

Die Stoßverbreiterung beschreibt den Verbreiterungsmechanismus, aufgrund der atomstoßbedingten Störung der Energieniveaus, während Emissionsvorgängen.

Bei hohem Druck nimmt die Stoßfrequenz der beteiligten Teilchen stark zu. Findet während eines Emissionsvorgangs ein Stoß statt, so werden die Energieniveaus und somit auch die Wellenlänge der emittierten Strahlung verschoben.

In Analogie zur natürlichen Linienbreite kann eine Zeitkonstante τ_{st} eingeführt werden. Zwischen zwei Stößen kann ungestörte Emission stattfinden.

Für diesen Verbreiterungsmechanismus lässt sich das normierte Lorentzprofil als Linienprofil angeben [39], vgl. [41].

$$L_L(\omega) = \frac{1}{\pi} \frac{w_{HWHM}}{w_{HWHM}^2 + (\Delta\omega - d)^2} \tag{2.32}$$

Mit ω der Kreisfrequenz der verwendeten Strahlung, d der Verschiebung, w_{HWHM} der Linienbreite (half width half maximum HWHM) und $\Delta\omega$ dem Abstand der Kreisfrequenz der Strahlung zur Übergangskreisfrequenz.

Bei den Betrachtungen wurden lediglich Stöße mit Neutralteilchen behandelt. Werden als Sonderfall auch die Wechselwirkungen mit geladenen Teilchen betrachtet, gelangt man zur Stark-Verbreiterung

Die Stark-Verbreiterung   beruht auf der Wechselwirkung zwischen einem strahlenden Atom mit dem elektrischen Feld benachbarter Ladungsträger. Zu Grunde liegt hierbei der Stark Effekt, der die Aufspaltung der diskreten Energieniveaus im elektrischen Feld beschreibt.

So kann der Emissionsvorgang durch elektrische Felder der umgebenden Ionen und Elektronen gestört werden. Diese sind begründet durch quasi statische Verschiebungen der umgebenden Ladungsträger. Die Flügel des Linienprofils weisen im Gegensatz zum Lorentzprofil einen proportionalen Verlauf zu $\Delta\omega^{-5/2}$ auf [41].

Die Herleitung des Linienprofils lässt sich aus den quantendynamischen Zuständen des jeweiligen Strahlers herleiten. Eine detaillierte Beschreibung ist in [39], [37] und [41] gegeben und soll an dieser Stelle nicht durchgeführt werden.

Dipolwechselwirkungen   können als weitere Verbreiterungsmechanismen identifiziert werden. In diesem Fall ist die Verbreiterung auf die Wechselwirkung zweier sich nähernden Atome zurückzuführen. Die Wechselwirkung kann zwischen gleichen oder unterschiedlichen Atomen stattfinden.

Nähern sich zwei unterschiedliche Atome einander, so treten die Van-der-Waals Kräfte auf. Diese sind nicht nur zwischen den Atomen im Grundzustand vorhanden, sondern auch bei einer Annäherung eines Atoms im angeregten Zustand an ein anderes im Grundzustand.

Diese Kraft bewirkt eine Änderung in den Energieniveaus der Atome. Die Energie des Niveaus wird dabei meist herabgesetzt. Emittiert ein solches angeregtes Atom Strahlung durch einen Elektronenübergang in ein herabgesetztes Energieniveau, so ist diese dadurch blau verschoben und weist einen roten Linienflügel auf [32].

Bei gleichartigen Atomen können aufgrund von Resonanzeffekten starke Kräfte auftreten. Ein so gekoppeltes Tuppel aus Atomen stellt einen quantenmechanischen Oszillator dar. Die Anregungsenergie wird zwischen den beiden Atomen ausgetauscht. Dies hat eine symmetrische Aufspaltung der Frequenzen der emittierten Strahlung um die Kernfrequenz zur Folge. In diesem Fall kann von Resonanzverbreiterung gesprochen werden.

Große Störungen durch Resonanzeffekte sind allerdings nur für Energiezustände mit hoher Oszillatorenstärke für den Übergang in den Grundzustand, also bei den Resonanzniveaus, zu erwarten [32].

2.3.3 SELBSTABSORPTION OPTISCH DICHTER LINIEN

Zur Beschreibung der Selbstabsorption der Spektrallinien muss zunächst auf den Strahlungstransport eingegangen werden. So lässt sich die Strahlungstransportgleichung in folgender Form aufstellen (vgl. [42] [43]).

$$\frac{dL_v(x)}{dx} = \epsilon_v(x) - \alpha(x)L_v(x) \tag{2.33}$$

Mit dem zurückgelegten Weg des Sichtstrahls x, dem Emissionskoeffizient $\epsilon_v(x)$, dem Absorptionskoeffizient $\alpha(x)$ und der emittierten spektralen Strahldichte $L_v(x)$.

Für den Frequenzbereich der Spektrallinien kann die Strahldichte als Hohlraumstrahlung angesehen werden. Im LTE und mit stetigem Abfall des Volumenemissionskoeffizient $\epsilon_v(x)$ vom Lampeninneren zur Gefäßwand weisen sowohl die Linienemissionskoeffizenten $\epsilon_v^L(v)$ und Absorptionskoeffizienten $\alpha^L(v)$ eine Proportionalität zu dem jeweiligen Linienprofil $\Phi_L(v)$ der beteiligten Übergänge auf.

Zweckmäßig lässt sich die effektive optische Dichte τ_0 der Entladung angeben. Diese ergibt sich aus der Integration der Absorption entlang eines Sichtstrahles von einer Gefäßwand $-x_0$ bis zur nächsten x_0.

$$\tau_0 = \int\limits_{-x_0}^{+x_0} \alpha^L(v, x)dx \tag{2.34}$$

Nach Bartels [44] kann der Zusammenhang zwischen der effektiven optischen Dichte der Entladung $\tau_0(\Delta v)$ und der Strahlstärke $I(\Delta v) = \iint\limits_{A_{eff}} L(\Delta v)\, dx\, dy$ über die Ein-Parameter-Näherung mit der Y-Funktion $I(\Delta v) = Y(\tau_0(\Delta v), p)$ beschrieben werden (vgl. [42]). Die Y-Funktion ergibt sich zu:

$$Y(\tau_0, p) = e^{-\frac{1}{2}\tau_0} \cdot \left(\frac{1}{2}\tau_0(1-p) + p\, sinh\left(\frac{1}{2}\tau_0\right)\right) \tag{2.35}$$
$$+ e^{-\frac{1}{2}\tau_0} \cdot \left(\frac{1}{\sqrt{p}}\, sinh\left(\frac{1}{2}\tau_0\sqrt{p}\right)\right)$$

mit dem Parameter $p\,|\,0 < p \leq 1$.

Der Parameter p stellt dabei einen Formfaktor dar. $p = 0$ entspricht hierbei einer Entladung mit infinitesimal dünnem und hellem Filament, das von einem kalten absorbierenden Gasmantel umgeben ist. $p = 1$ entspricht einem homogenen Plasma.

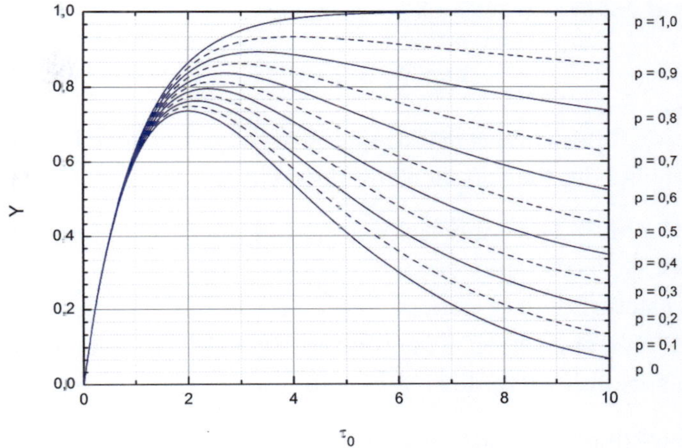

Abbildung 2.2: Y-Funktion nach der ein Parameter Näherung; Die Abbildung zeigt die Verläufe der Y-Funktion. Für die Kurvenschaar wurde der Parameter p vom Grenzfall $p \to 0$ bis $p = 1$ variiert. Für niedrige effektive optische Dichten ist die emittierte Strahldichte für alle Werte von p näherungsweise linear abhängig von der effektiven optischen Dichte. Für größere effektive optische Dichten geht die emittierte Strahldichte in einen gesättigten Bereich über ($p = 1$) oder fällt wieder ab ($p < 1$).

Abbildung 2.2 zeigt die verschiedenen Verläufe der Y-Funktion $Y(\tau_0 p)$ über der effektiven optischen Dichte τ_0 des Plasmas unter der Variation des Parameters p. Die Kurvenschaar ist nach unten durch den Grenzfall $p \to 0$ durch die Einhüllende $Y(\tau_0, 0)$ begrenzt.

$$Y(\tau_0, 0) = \tau_0 \, e^{-\frac{1}{2}\tau_0} \tag{2.36}$$

Die obere Einhüllende $Y(\tau_0, 0)$ entsteht analog durch den Grenzfall $p = 1$ und ergibt sich zu:

$$Y(\tau_0, 1) = 1 - e^{-\tau_0} \tag{2.37}$$

Die obere Einhüllende stellt für große effektive optische Dichten τ_0 den Grenzfall des Planckschen Strahlers dar.

In Anlehnung an [42] ergibt sich das Schema zur Bestimmung der auf den planckschen Strahler bezogenen Strahlstärke wie, in Abbildung 2.3 dargestellt. Somit besteht ein direkter Zusammenhang zwischen der effektiven optischen Dichte (und somit auch der Linienemission) und der spektralen Strahldichteverteilung.

Die Y-Funktion kann hierbei in guter Näherung als Ein-Parameter-Näherung angegeben werden. Der Fehler befindet sich dabei im Bereich von weniger als 7% für Werte der effektiven optischen Dichte von $\tau_0 \leq 7$ und weniger als 2% für $\tau_0 \leq 4$ [42], [44].

Eine eingängige Beschreibung für die genauen Prozesse und deren Herleitung ist in [42] gegeben. Als weiterführende Literatur soll auf [43], [44] verwiesen werden.

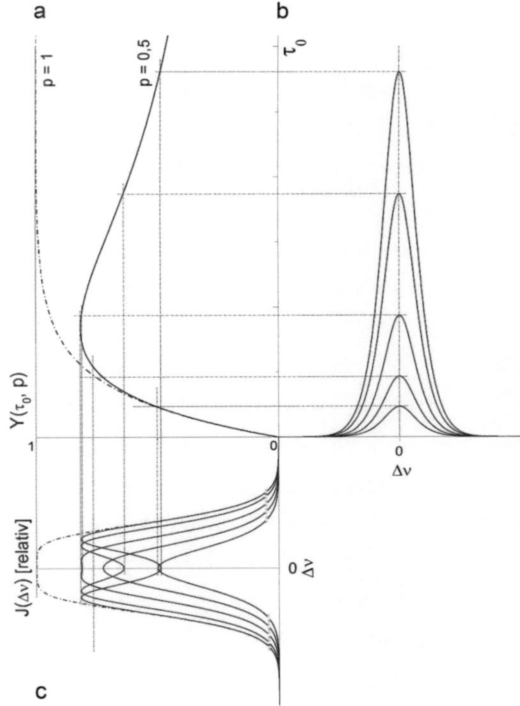

Abbildung 2.3: Schematische Darstellung zur Entstehung der Selbstabsorption. Die Abbildung beschreibt die Entstehung der Selbstabsorption optisch dichter Linien. Hierbei wurde auf die Y-Funktionen aus der Ein-Parameter-Näherung zurückgegriffen (a). Die effektive optische Dichte τ_0 der Entladung wurde als Voigt-Profil über der Frequenz Δv dargestellt (b). Mit den zugehörigen Y-Funktionen für den Parameter $p = 0,5$ ergibt sich die relative Strahlstärke bezogen auf den schwarzen Strahler $J(\Delta v)$ in Abhängigkeit von der Frequenz (c).

2.3.4 REKOMBINATIONS- UND BREMSSTRAHLUNG

Neben dem Auftreten der bereits behandelten Linienstrahlung kann in Plasmen mit hoher Temperatur und hoher Teilchendichte auch kontinuierliche Strahlung beobachtet werden. Die Vorgänge, die zu einem Kontinuum in der Strahlung führen sollen im Folgenden beschrieben werden.

Für die kontinuierliche atomare Strahlung ist ein Übergang zwischen zwei Energieniveaus notwendig, bei dem zumindest einer der Zustände (in gewissen Grenzen) eine beliebige Energie aufweisen kann. Dies kann durch einen frei - gebunden Übergang oder einen frei - frei Übergang geschehen (siehe Abbildung 2.4) [32], [45].

Der Fall des frei - gebunden Übergangs wird als Rekombinationsstrahlung bezeichnet. Hierbei wird ein freies Elektron im Zustand oberhalb der Ionisationsgrenze von einem Ion eingefangen. Für jeden Term dieses Übergangs ergibt sich ein Seriengrenzkontinuum. Liegen die Terme dicht beieinander werden diese zu einem Gesamtkontinuum überlagert. Der frei-frei Übergang wird als Bremsstrahlung bezeichnet. Hierbei findet ein Übergang eines Elektrons aus dem Kontinuum der freien Zustände in selbiges statt.

Der Strahlungsfluss eines Brems- oder Rekombinationskontinuums ist proportional zur Stoßfrequenz der Elektron-Ionen-Stöße [32]. Als Näherung ergibt sich:

$$\Phi \propto \bar{v}_e \, n_e \, n_{Ion} \propto \frac{n_e \, n_{Ion}}{\sqrt{k_B \, T}} \tag{2.38}$$

Unter Zuhilfenahme der Saha-Gleichung (Formel: 2.27) und der Vernachlässigung aller Terme, in denen die Temperaturabhängigkeit vergleichsweise klein gegenüber der exponentiellen Abhängigkeit ist resultiert die Proportionalität [32]:

$$\Phi \propto n_0 \, \frac{g_e \cdot g_i}{g_0} \, exp\left(-\frac{E_i}{kT}\right) \tag{2.39}$$

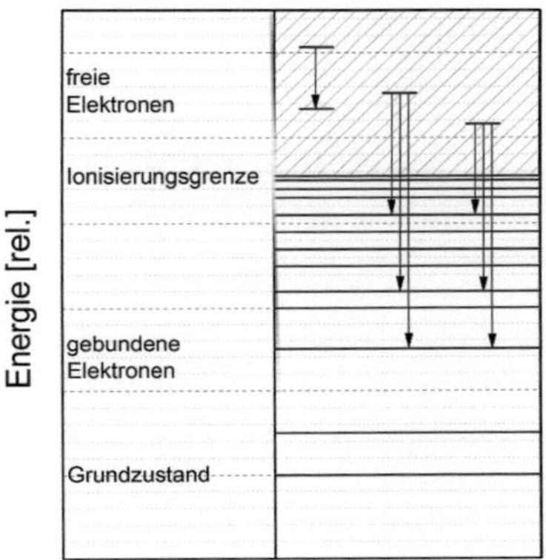

Abbildung 2.4: Termschema zur Rekombinations- und Bremsstrahlung; Die Abbildung zeigt das Termschema der freien und gebundenen Zustände eines Atoms. Oberhalb der Ionisationsgrenze können Elektronen beliebige Energiezustände annehmen. Die Rekombination eines freien Elektrons in einen gebundenen Zustand kann somit kontinuierlich verteilte Energiewerte der Strahlung erzeugen. Gleiches gilt für den frei - frei Übergang.

Werden nicht nur Atome sondern auch Moleküle im System berücksichtigt, so können zusätzliche kontinuierliche Strahlungsmechanismen auftreten.

2.3.5 Molekülstrahlung und molekülbedingte quasikontinuierliche Viellinienstrahlung

Neben der atomaren Linienstrahlung mit ihren Verbreiterungsprozessen und der kontinuierlichen Rekombinations- und Bremsstrahlung gibt es noch weitere Strahlungsmechanismen, die vorwiegend auf den molekularen Eigenschaften beruhen. Um diese zu verstehen soll zuvor auf die den Molekülen spezifische Bandenstruktur und die zugehörigen Elektronenspektren für kleine Moleküle eingegangen werden.

Im Vergleich zu Atomen weisen Moleküle zusätzliche innere Freiheitsgrade auf. Sie können zur Schwingung und Rotation angeregt werden. Der Einfachheit halber sollen die Grundlagen im Folgenden anhand zweiatomiger Moleküle beschrieben werden, wie sie in einschlägiger Fachliteratur enthalten sind (Bsp. [35]). Die Zusammenhänge sind auf das, in dieser Arbeit bevorzugt verwendete, zweiatomige Indiumiodidmolekül übertragbar.

Die potentielle Energie eines Moleküls kann in Abhängigkeit des Kernabstands angegeben werden. Diese ist, unter der Annahme eines Morsepotentials, in Abbildung 2.5 dargestellt. So schwingen die Atome um den Ruheabstand R_e mit der minimalen potentiellen Energie. Entfernen sich die Atome voneinander nimmt die potentielle Energie zu, bis die Dissoziationsenergie D_e überwunden wird und die Moleküle zerfallen. Mit dieser Potentialkurve folgt aus der Lösung der Schrödingergleichung eine Quantelung der erlaubten Energiezustände in einem Anregungszustand des Moleküls. Oberhalb der Dissoziationsenergie D_e können Elektronen beliebige Energiezustände annehmen.

Für den Übergang eines Elektrons aus einem höheren Anregungszustand eines Moleküls in einen niedrigeren ergeben sich somit diskrete Energiedifferenzen. Dies ist schematisch in Abbildung 2.6 dargestellt.

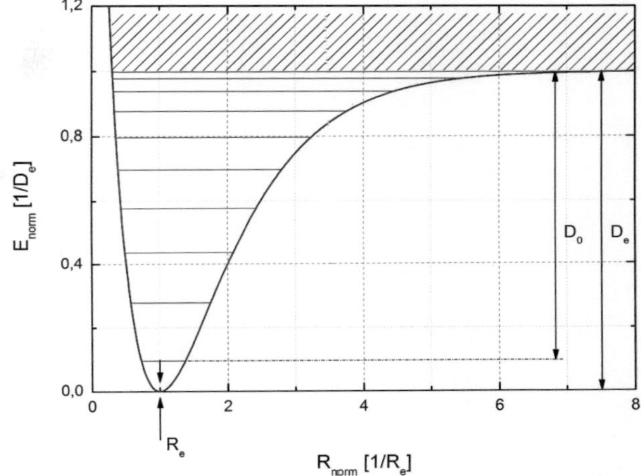

Abbildung 2.5: Potentialkurve eines zweiatomigen Moleküls; Die Abbildung zeigt schematisch die Potentialkurve eines zweiatomigen Moleküls, inklusive der, aus der Schrödingergleichung resultierenden erlaubten Energiezustände der Elektronen. Oberhalb der Dissoziationsgrenze D_e wird die Quantelung aufgehoben und die Elektronen können beliebige energetische Zustände einnehmen.

Die Übergangswahrscheinlichkeit zwischen zwei Energiezuständen in Abhängigkeit vom Kernabstand kann unter Beachtung des Frank-Condon-Prinzips bestimmt werden. Dies hat zur Folge, dass die strahlenden Übergänge zwischen angeregten und unangeregten Molekülen bevorzugt zwischen den Potentialkurven stattfinden.

Spektral liefert die Molekülstrahlung daher ein Spektrum, das durch die Schwingungszustände des Moleküls geprägt ist. Dieses Spektrum kann als Molekülspektrum bezeichnet werden. Liegen die erlaubten

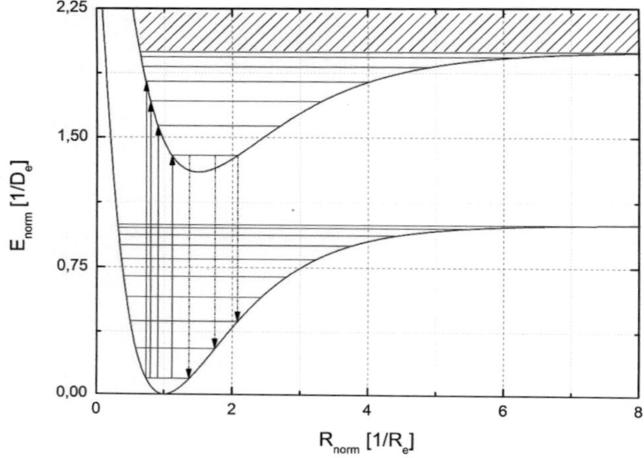

Abbildung 2.6: Strahlende Molekülübergänge; Die Abbildung zeigt die Potentialkurve des Grundzustands und des ersten angeregten Zustand eines Moleküls. Strahlende Übergänge finden nur zwischen den erlaubten Energien des Angeregten Zustands und dem Grundzustand statt. Innerhalb einer Anregungsstufe findet kein strahlender Übergang statt.

Energiezustände sehr nahe beieinander, wie es z.B. für Schwefel der Fall ist, so wird ein Spektrum emittiert, dessen Linien nur geringen Abstand voneinander haben und daher von Messgeräten nur schwer, vom Auge jedoch gar nicht aufgelöst werden kann. Ein solcher Fall kann als quasikontinuierliche Viellinienstrahlung bezeichnet werden.

2.3.6 Emissions- und Absorptionskoeffizient

Der wellenlängenabhängige Emissionskoeffizient ϵ_λ wurde bereits bei der Besprechung der Linienstrahlung eingeführt (vgl. Kapitel 2.3.1). Dieser ergibt sich aus Gleichung 2.28.

Das Konzept ist für alle elektronischen Emissionsvorgänge übertragbar. Die Funktion zur Beschreibung der Linienverbreiterung Φ muss allerdings für den jeweiligen Fall angepasst werden und die tatsächlich vorliegende spektrale Verteilung der entstehenden Strahlung beinhalten.

Da das Linienprofil $\Phi(\lambda)$ die Wahrscheinlichkeit angibt, dass ein Photon mit der Wellenlänge λ emittiert wird, gilt die Normierung

$$\int_\lambda \Phi(\lambda)\, d\lambda = 1 \tag{2.40}$$

Um die Linienabsorption eines Lichtstrahles durch das Plasma zu beschreiben, wird der wellenlängenabhängige Linienabsorptionskoeffizient α_λ bestimmt. Dieser ergibt sich nach dem Kirchhoffschen Satz aus der spektralen Strahldichteverteilung des Planckschen Strahlers $B_\lambda(\lambda, T)$, wie folgt[3]:

$$\epsilon_\lambda = \alpha_\lambda \cdot B_\lambda(\lambda, T) \tag{2.41}$$

Ist die örtliche Verteilung der beiden Größen in einem Plasma bekannt, so lässt sich die austretende Strahlung über die Lösung der Strahlungstransportgleichung entlang eines Sichtstrahles durch das Plasma bestimmen.

---

[3]In diesen Beschreibungen sind die volumen- beziehungsweise längenbasierten Größen ϵ_λ und α_λ nicht mit den oberflächenbasierten Emissions-Absorptionsgraden der Oberflächen zu verwechseln.

2.4 STRAHLUNGSTRANSPORTGLEICHUNG

In Kapitel 2.3.3 wurde bereits ansatzweise auf die Strahlungstransportgleichung 2.33 eingegangen. Auch außerhalb optisch dichter Linien hat die Transportgleichung bei Hochdruckentladungslampen einen erheblichen Einfluss auf die aus der Lampe austretenden Strahlung. Sowohl zur Temperaturbestimmung als auch zur Modellierung der aus einer Entladung austretenden Strahlung ist es notwendig diese zu lösen. Daher ist die Lösung der Strahlungstransportgleichung in der Literatur weit verbreitet (vgl. [46], [47], [12]). Die analytische Lösung für optisch dünne Medien mit geringer Absorption $\alpha_\lambda \cdot x << 1$ entlang einer Strecke x ergibt sich zu:

$$L_\lambda = \int \epsilon_\lambda \left(\lambda, T(s) \right) dx \qquad (2.42)$$

Die Emissionskoeffizienten ϵ_λ können durch eine Abelinversion für rotationssymmetrische Plasmen aus den gemessenen Strahldichten bestimmt werden (vgl. [46]).

Im LTE hingegen kann die Absorption meist nicht vernachlässigt werden. Zur Analyse und Modellierung wird die Gleichung daher meist, unter der Annahme kleiner Beobachtungswinkel, über numerische Verfahren gelöst. Hierzu wird der Weg x in kleine Intervalle mit der Länge Δx zerlegt, der durch ein homogenes Volumenelement mit konstanter Emission ϵ_n und Absorption α_n führt (siehe Abbildung 2.7). Die austretende Strahldichte (Formel 2.43) ergibt sich somit für ein Weglängenintervall Δx (vgl. [47], [12]):

$$L_\lambda(x + \Delta x) = L_\lambda(x) \cdot e^{-\int\limits_{x}^{x+\Delta x} \alpha_\lambda \, dx} \; \overset{\text{eingestrahlt}}{} + \overset{\text{Eigenstrahlung}}{\int\limits_{x}^{x+\Delta x} \epsilon_\lambda \cdot e^{-\int\limits_{x}^{x+\Delta x} \alpha_\lambda \, dx} dx} \qquad (2.43)$$

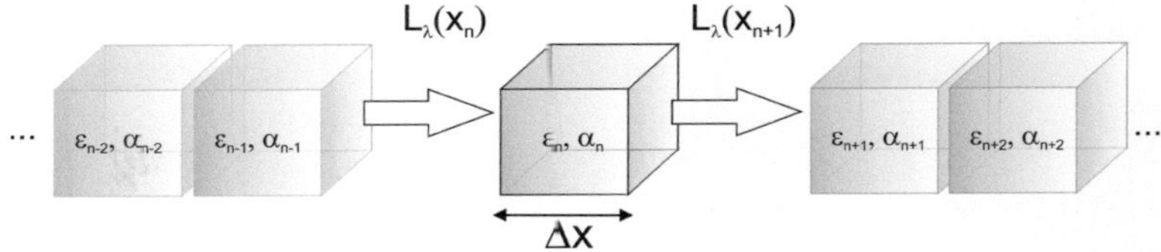

Abbildung 2.7: Verdeutlichung zur numerischen Lösung der Strahlungstransportgleichung; Soll die Strahlungstransportgleichung numerisch gelöst werden, so kann der Weg des Sichtstrahls in eine Vielzahl von einzelnen Weglängen zusammengesetzt werden. Jedes einzelne Volumenelement besitzt dabei eigene Absorptions- und Emissionskoeffizienten, die voneinander unabhängig sein können.

Zweckmäßigerweise wird, in Analogie zu Kapitel 2.3.3, die effektive optische Dicke τ_λ als Produkt der Absorption und der Länge des Streckenelements gebildet. Dies ergibt sich für ein homogenes Volumenelement mit der Kantenlänge Δx zu:

$$\tau_{\lambda,n} = \int\limits_{x}^{x+\Delta x} \alpha_{\lambda,n} \cdot dx = \alpha_{\lambda,n} \cdot \Delta x \tag{2.44}$$

Die diskretisierte, numerisch leicht lösbare, Lösung der Strahlungstransportgleichung für ein Streckenelement n resultiert direkt aus Formel 2.43 durch das Lösen des Integrals, einsetzen von Formel 2.44 und Umformung zu:

$$L_\lambda(x_{n+1}) = L_\lambda(x_n)e^{-\tau_{\lambda,n}} + \frac{\epsilon_{\lambda,n}}{\alpha_{\lambda,n}}\left(1 - e^{-\tau_{\lambda,n}}\right) \tag{2.45}$$

Zur besseren Anschauung wird nach der Änderung in jedem Volumenelement umgestellt [12]:

$$\Delta L_\lambda(x_n) = \left(\frac{\epsilon_{\lambda,n}}{\alpha_{\lambda,n}} - L_{\lambda,n} \right) \cdot \left(1 - e^{-\tau_{\lambda,n}} \right) \qquad (2.46)$$

Im LTE gilt der Kirchhoffsche Satz

$$\frac{\epsilon_\lambda}{\alpha_\lambda} = L_{\lambda,B} \qquad (2.47)$$

mit $L_{\lambda,B}$ der Strahldichte des Planckschen Strahlers. Aus Gleichung 2.46 wird daher direkt ersichtlich, dass die Strahlstärke in einem Streckenelement geschwächt wird, wenn die eintretende Strahldichte höher als die des Planckschen Strahlers ist. Andernfalls wird sie erhöht, wenn die eintretende Strahldichte niedriger als die des planckschen Strahlers ist [12].

Durch Gleichung 2.45 ist somit die komplette Gleichung zur numerischen Lösung des Strahlungstransports gegeben, die in dieser Arbeit für alle Anwendungen der Strahlungstransportgleichung genutzt wurde.

2.5 HALOGENIDHALTIGE LAMPEN

Im Wesentlichen können Metallhalogeniden in HID Lampen zwei unterschiedliche Funktionen zugeschrieben werden. Zum einen kann eine Lampe mit Quecksilberfüllung sehr gut durch Metallhalogenide „angefärbt" werden. Hierdurch wird das sichtbare Spektrum durch zusätzliche Linien angereichert. Zum anderen kann das Metallhalogenid selbst das Leuchtgas darstellen.

Die meisten Metalle oder metallähnlichen Elemente wie z.B. die Seltenen Erden weisen einen sehr hohen Schmelzpunkt mit einhergehenden niedrigen Dampfdrücken auf. Um das Spektrum einer HID Entladung merkbar zu bevölkern, muss das verwendete Puffermaterial allerdings einen ausreichenden Dampfdruck besitzen. Als Mindestmaß hat sich während der Arbeiten zu dieser Arbeit ein Dampfdruck von etwa 0,8 Pa als sinnvoll erwiesen. Dies ist mit den meisten Metallen bei mäßigen Wandtemperaturen bis etwa 1200°C nicht möglich. Sollen Glasgefäße verwendet werden, ist eine weitere Erhöhung der Temperatur nicht möglich, da ansonsten das Quarzglas schmilzt. Für höhere Temperaturen können Keramikbrenner genutzt werden, allerdings ist auch in diesen die Temperatur nicht beliebig steigerbar [48].

Um die Linienstrahlung der Metalle dennoch nutzen zu können, können diese als Verbindungen mit Halogenen in die Lampen gefüllt werden. Diese weisen wesentlich höhere Dampfdrücke auf [49] (vergleiche z.B. Abbildung 4.3). In den heißen Zonen der Entladung dissoziieren die Moleküle und das Metall wird frei.

Bei einer Rückdiffusion der Metalle in Richtung der Gefäßwand reagieren diese selbst wieder mit dem freien Halogen zu dem Halogenid oder setzten sich auf der Gefäßwand ab. Hierbei reagiert das kondensierte Material an der Wand mit dem Halogen. Ein Rücktransport in die Gasphase findet statt.

Im Wesentlichen lassen sich für Lampen mit Metallhalogenidfüllungen zwei Betriebsmodi unterscheiden. Der gesättigte und der ungesättigte Betrieb.

Im gesättigten Betrieb bestimmt die kälteste Stelle der Lampe (Coldspot) den Partialdruck des Halogenids in der Lampe. Der Partialdruck entspricht dabei dem Dampfdruck des Materials bei der Coldspot-Temperatur. Es verbleiben flüssige oder feste Rückstände des Materials am Coldspot.

Wird die Temperatur des Coldspots erhöht, bleibt je nach Füllmenge des Materials kein kondensiertes Material am Coldspot zurück. In diesem Fall steigt der Druck in der Lampe nicht mehr mit der Dampf-druckkurve des Materials, sondern näherungsweise mit dem idealen Gasgesetz. Dies wird als ungesättigter Betrieb bezeichnet.

Darüber hinaus bieten Metallhalogenide die Möglichkeit Molekül-strahlung und Dissoziationsstrahlung zu generieren. Eine Übersicht zur Strahlungsentstehung ist Kapitel 2.3 zu entnehmen. Drei unter-schiedliche Typen von aufgepufferten Lampen und deren Mischfor-men lassen sich nach [21] unterscheiden.

- **Linienstrahler:** Wenige ausgewählte intensive Spektrallinien werden so angepasst, dass ein weißer Lichteindruck entsteht.

- **Viellinienstrahler:** Viele dicht beieinander liegende Linien fül-len das Spektrum nahezu lückenlos aus. Im sichtbaren Spek-tralbereich werden dabei bis zu mehreren tausend Linien abge-strahlt. Die Farbwiedergabe nimmt dabei hohe Werte an.

- **Kontinuumsstrahler:** Kontinuierliche, bzw. quasikontinuierli-che Spektren werden erzeugt. Dies kann durch stark verbreiterte Resonanzlinien, Molekülbanden, Rekombinationskontinua oder verbreiterte Viellinienspektren geschehen (siehe Kapitel 2.3).

Um mögliche ungewollte Reaktionen zu verhindern, ist der Einsatz von Fluoriden zu vermeiden, da das Fluor zum einen die Glaswand angreift und zum anderen auch durch diese diffundiert und somit dem Kreisprozess nicht mehr zur Verfügung steht. Iodide haben sich bewährt, da diese verträglicher für die Elektroden der Lampen sind.

Neben den aufgepufferten quecksilberhalteigen Metallhalogenidlam-pen lassen sich auch reine Metallhalogenidlampen fertigen. In diesen wirkt das Halogenid bzw. das Metall des Halogenids selbst als Leucht-gas in der Entladung.

2.6 ZUSAMMENFASSUNG KAPITEL 2

In diesem Kapitel wurden die Grundlagen für den Betrieb von Hochdruckentladungslampen erörtert. Die Beschreibungen beruhen auf der Grundannahme des lokalen thermodynamischen Gleichgewichtes im Inneren der Entladung.

Ausgehend von dieser Grundannahme konnten die Grundlagen für die Vorgänge in stoßbestimmten Plasmen abgeleitet und die verschiedenen Prozesse zur Strahlungsentstehung beschrieben werden.

Abschließend wurde der Strahlungstransport, sowie die Funktionsweisen von halogenidhaltigen Lampen erörtert.

Alle Betrachtungen wurden allgemeingültig im Falle der Gleichstromanregung durchgeführt. Sollen die Lampen hochfrequent betrieben werden, so ist eine genauere Kenntnis über die Hochfrequenzleitfähigkeit sowie der elektrischen Koeffizienten notwendig. Dies soll im Folgenden in Kapitel 3 behandelt werden.

KAPITEL 3

MIKROWELLENANREGUNG VON PLASMEN

Für den Betrieb von mikrowellenangeregten Lampen spielt der Leistungstransfer der Mikrowelle in die Entladung eine entscheidende Rolle bei der Auslegung der Lampenfüllung sowie der Auslegung der Strukturen zur Leistungseinkopplung.

In diesem Kapitel sollen daher zunächst die Mikrowellen-Plasma-Wechselwirkungen beschrieben werden, die entscheidend für den Leitungseintrag in die Entladung sind. Darüber hinaus sollen die wichtigsten in der Literatur beschriebenen Systeme zur Einkopplung von Mikrowellen in Gasentladungen beschrieben werden.

3.1 WELLE PLASMA WECHSELWIRKUNG

Für den Leistungseintrag in ein Plasma durch Mikrowellen ist vorwiegend die elektrische Leitfähigkeit bzw. die Permittivität im Wechselfeld verantwortlich. Die physikalischen Gegebenheiten hierfür sind im Folgenden beschrieben.

3.1.1 ELEKTRISCHE LEITFÄHIGKEIT UND PERMITTIVITÄT

Im Sonderfall der mikrowellenangeregten Entladung können die Vereinfachungen des Gleichstromfalles aus Kapitel 2.2.6 nicht mehr aufrechterhalten werden. In diesem Fall ist das Plasma im Gesamten durch seine dielektrischen Eigenschaften zu beschreiben. Hierzu können bei Abwesenheit eines externen magnetischen Feldes die Maxwellgleichungen in folgender Form verwendet werden [50]:

$$\nabla \times \bar{E} \;=\; -j\omega\mu_0\bar{H} \tag{3.1}$$

$$\nabla \times \bar{H} \;=\; j\omega\epsilon_p\epsilon_0\bar{E} \tag{3.2}$$

$$\nabla \cdot \left(\epsilon_p\epsilon_0\bar{E}\right) \;=\; 0 \tag{3.3}$$

$$\nabla \cdot \left(\mu_0\bar{H}\right) \;=\; 0 \tag{3.4}$$

Dabei wird von einer sinusförmigen Anregung ausgegangen. Die Permeabilität des Plasmas wurde zu der des freien Raumes gewählt $\mu = \mu_0$[1]. Die geladenen Teilchen im Plasma werden im Wesentlichen durch die elektrische Komponente des Wechselfeldes beschleunigt[2].

Unter diesen Annahmen kann die Bewegungsgleichung eines Elektrons analog zu Kapitel 2.2.6 aufgestellt werden. Die Berücksichtigung des sinusförmigen Wechselfeldes geschieht hierbei über die zeitliche Abhängigkeit von $E(t)$ [50], [16].

$$m_e \frac{d\bar{v}}{dt} = - eE(t) - m\bar{v}\nu_m \tag{3.5}$$

---

[1] $\mu = \mu_r \cdot \mu_0$, hier: $\mu_r = 0$

[2] $\frac{F_{L,max}}{F_{E,max}} = \frac{q \cdot v \cdot \mu_r \cdot H}{q \cdot E} = v \cdot \sqrt{\epsilon_r\mu_r} = \frac{v}{c}$

da die Teilchengeschwindigkeiten lediglich Bruchteile der Lichtgeschwindigkeit sind, kann die Beschleunigung durch das Magnetfeld vernachlässigt werden

Daraus folgt die Driftgeschwindigkeit

$$v_d = -\frac{eE}{m_e} \cdot \frac{1}{\nu_m + j\omega} \tag{3.6}$$

und die Leitfähigkeit

$$\sigma = \frac{ne^2}{m_e} \cdot \frac{1}{\nu_m + j\omega} \tag{3.7}$$

Da die Leitfähigkeit und die Permittivität äquivalente Beschreibungen sind, die durch den Zusammenhang

$$\sigma_r + j\sigma_i = \left[-\epsilon_j + j\left(\epsilon_r - 1\right)\right]\omega\epsilon_0 \tag{3.8}$$

verknüpft sind, lässt sich die Permittivität durch Umformen bestimmen.

$$\epsilon_p = \epsilon_r + j\epsilon_i = 1 - \left(\frac{\omega_{pe}}{\omega}\right)^2 \cdot \frac{1}{1 - j\frac{\nu_m}{\omega}} \tag{3.9}$$

mit der Plasmafrequenz $\omega_{pe} = \sqrt{(ne^2/m_e\epsilon_0)}$.

3.1.2 LEISTUNGSTRANSFER

Zur Bestimmung des Leistungsübertrags des hochfrequenten Wechselfeldes in das Plasma kann die Beschreibung über das Poynting Theorem für ein quellenfreies Gebiet herangezogen werden [16], [28], [50].

Durch den Ansatz

$$\oiint_A (\bar{E} \times \bar{H}^*) \cdot d\bar{A} = - \iiint_V \sigma_r \, |\bar{E}|^2 \, dV \qquad (3.10)$$

$$+ j\omega \iiint_V \epsilon_0 \left(1 + \frac{\sigma_i}{\omega\epsilon_0}\right) |\bar{E}|^2 \, dV$$

$$- j\omega \iiint_V \mu_0 \, |\bar{H}|^2 \, dV$$

ergibt sich die in das Plasma eingebrachte Leistung zu

$$P_{abs} = \frac{1}{2} \iiint_V \sigma_r \, |\bar{E}|^2 \, dV \qquad (3.11)$$

$$= \frac{1}{2} \iiint_V \omega\epsilon_0 \left(\frac{\omega_p}{\omega}\right) \frac{\nu_m}{\omega} \frac{1}{1 + \left(\frac{\nu_{coll}}{\omega}\right)^2} \, |\bar{E}|^2 \, dV$$

und kann somit als ohmsche Last beschrieben werden.

3.2 VERFAHREN ZUR LEISTUNGSEINKOPPLUNG

Im Gegensatz zur klassischen Gleichstrom- oder niederfrequenten Anregung von Gasentladungen bietet die Mikrowellenanregung den Vorteil, dass keine Elektroden in der Entladungskammer verbleiben müssen. Jedoch müssen die Hochfrequenzeigenschaften der Leistungsversorgung berücksichtigt werden. Im Allgemeinen wird ein Netzwerk zur Leistungsanpassung der Betriebsgeräte an die Plasmen benötigt. Im Normalfall müssen zwei Bedingungen erfüllt werden. Zum einen muss ein hohes elektrisches Feld erzeugt werden, um die Lampe zu zünden, zum anderen muss die Lampe nach dem Zünden mit guter Leistungsanpassung betrieben werden können. Gerade der zweite Punkt stellt eine hohe Anforderung an das verwendete System dar, da sich im Allgemeinen die Impedanzen der Systeme zur Leistungseinkopplung erheblich mit den Eigenschaften des Plasmas ändern. Diese selbst sind von der eingekoppelten Leistung abhängig, wodurch sich ein hochgradig rückgekoppeltes System ergibt.

Somit können einige Anforderungen an die Strukturen zur Leistungseinkopplung gestellt werden. Das System muss im ungezündeten Zustand der Lampe resonant betrieben werden können, um die zur Zündung notwendige Leistung und Feldstärke bereit zu stellen. Nach dem Zünden sollte die Einkopplungsstruktur selbst nahezu keine Leistung mehr aufnehmen und lediglich als Übertrager der Leistung zum Plasma dienen.

Die Struktur zur Leistungsübertragung selbst muss gleichzeitig das Anpassnetzwerk an das Plasma darstellen. Die Abstrahlung von Mikrowellenleistung sollte von der Struktur selbst unterdrückt werden.

Mögliche Strukturen werden im Folgenden beschrieben.

3.2.1 RESONATORSTRUKTUREN

Der einfachste Aufbau zum Betrieb von elektrodenlosen Lampen mittels Mikrowellen stellt die Verwendung eines Resonatortopfes dar. Um diesen möglichst klein zu halten, kann dieser als zylindrischer TM_{010} Resonator aufgebaut werden. Die Lampen können im Inneren des Resonators platziert werden [51].

Die bekannteste Ausführungsform einer Lampe in dieser Struktur ist die Schwefellampe. Bei dieser wird ein etwa Golfball großes kugelförmiges Entladungsgefäß in den Resonator eingebracht. Die Lampenfüllung besteht aus einigen mbar eines Startgases (meist Ar) um die Lampe zu zünden. Im Betrieb verdampft der im Entladungsgefäß kondensierte Schwefel und übernimmt die Entladung.

Im Betrieb ist es notwendig, ein punktuelles Überhitzen der Lampe zu vermeiden. In kommerziellen Produkten wird dies über ein Drehen des Lampenkolbens erreicht. Die Entladung liefert das Viellinienspektrum der Schwefelmolekülstrahlung. Ein Spektrum der Schwefellampe ist in Abbildung 3.1 dargestellt[3].

Um das Überhitzen des Entladungsgefäßes zu verhindern, kann anstatt der Lampe das elektrische Feld im Resonator gedreht werden, um lokale Feldüberhöhungen zu vermeiden [52].

In beiden Konfigurationen lassen sich hohe Lichtausbeuten von $\eta = 100\,\mathrm{lm/W}$ und höher erzielen. Die Mikrowellengeneration geschieht dabei mit Magnetrons und liegt typischerweise bei über 1 kW.

Eine verkleinerte Bauform der Resonatoren ist in [14] und [53] beschrieben. Hierbei wird der Resonator mit einem transparentem Dielektri-

---

[3]Mit freundlicher Genehmigung der Veröffentlichung von Herrn Meyer von UV Technik Meyer GmbH. Die Messung selbst erfolgte am Lichttechnischen Institut des Karlsruher Instituts für Technologie.

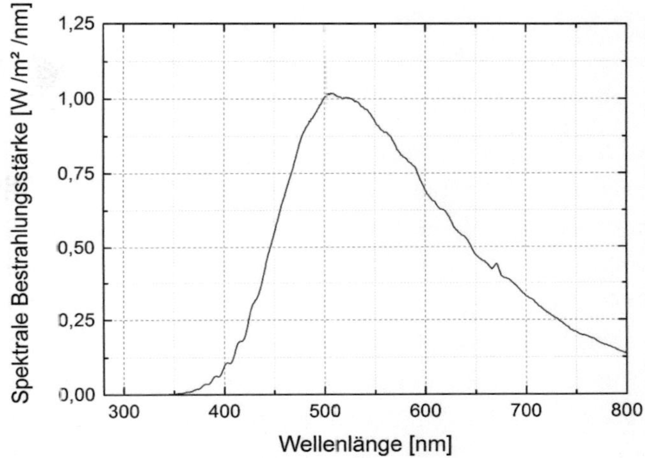

Abbildung 3.1: Spektrum einer Schwefellampe; Die Abbildung zeigt die spektrale Bestrahlungsstärke eines Detektors erzeugt durch eine Schwefellampe. Die Lampe wurde mit einer Leistungsaufnahme von $1,44\,\mathrm{kW}$ Steckerleistung betrieben.

kum gefüllt, in dem die Entladungskammer selbst eingelassen ist. Die Einkopplung in den Resonatorraum erfolgt dabei mittels einer Antenne, die wesentlich kürzer ausgeführt werden kann, als im klassischen Ansatz. Leider liegen keine näheren fundierten Informationen zu dieser Anregungsweise vor, die eine Bewertung der Technologie zulassen würden. Gerade der Einfluss des Dielektrikums auf die Leistungsaufnahme scheint aber ein begrenzender Faktor zu sein.

Bei allen Vorzügen der Resonatorstrukturen müssen auch die Nachteile erwähnt werden. Sollen Mikrowellen mit der Frequenz von $f = 2,45\,\mathrm{GHz}$ verwendet werden, so müssen die Resonatordurchmessers mindestens so groß wie die halbe Wellenlänge der verwendeten

Mikrowelle sein. Darüber hinaus benötigen die verwendeten Magnetrons, sowie die Geräte zum Rotieren der Entladungsgefäße bzw. des elektrischen Feldes Platz. Eine kompakte Bauform des Systems ist schwer möglich.

Sollen Lampen kleinerer Dimensionierung und kleinerer Leistungen genutzt werden, so entstehen weitere Probleme. Zum Zünden muss der Resonator genügend Leistung aufnehmen um die erforderlichen Feldstärken im inneren zu erzeugen. Bei kleinen Lampen verändert sich die Resonanzfrequenz des Systems allerdings kaum. Die Leistungsaufnahme des Resonators im Betrieb nimmt somit zu. Für niedrige Leistungen wird dies besonders kritisch. Von einer verlustlosen Leistungsübertragung in das Plasma kann nicht mehr ausgegangen werden. Eine gute Übersicht über weitere Vor- und Nachteile der Struktur ist in [51] gegeben.

3.2.2 ANTENNENANREGUNG

Eine andere Möglichkeit der Einkopplung von Mikrowellen in Hochdruckentladungen stellt die Antennenanregung dar [54], [55], [56], [57], [57].

Bei diesem Ansatz sollen elektrodenbehaftete Lampen durch Mikrowellen betrieben werden. Die Wirkungsweise der Mikrowelleneinkopplung in die Lampe ist ausführlich in [57] und [54] beschrieben. Kerngedanke bei dieser Anregung ist die Ausführungsform der Lampe als Antenne. Die Elektroden inklusive der Durchführungen sind in etwa in der Länge von $\lambda/8$ der Wellenlänge der verwendeten Mikrowelle gehalten. Die gesamte Länge der Lampe ergibt sich somit zu etwa $\lambda/4$ der verwendeten Wellenlänge und stellt eine Antennenkonfiguration dar. Die Lampe selbst ist auf einer Koaxialleitung aufgesetzt,

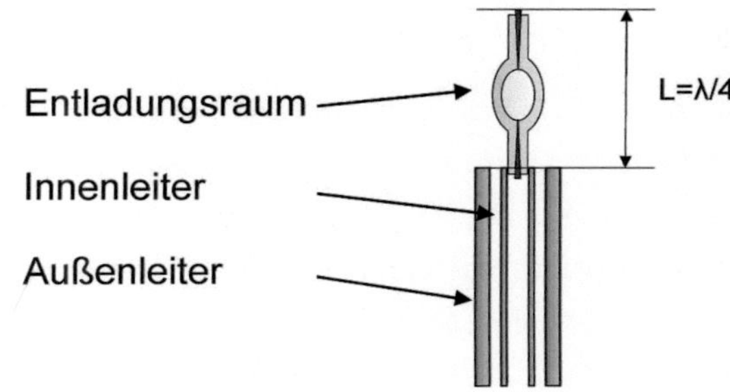

Abbildung 3.2: Schema des Prinzips zur Antennenanregung; Die Abbildung zeigt den schematischen Aufbau einer Antennenanregung in Anlehnung an [57]. Die elektrodenbehaftete Hochdrucklampe (D2-Lampe oder Projektionslampe) ist dabei auf einem Koaxialleiter aufgepflanzt. Die Lampe selbst ist in einer Länge von $\lambda/4$ der Wellenlänge der Mikrowelle ausgeführt, und stellt somit eine Antenne dar.

so dass die Zuleitung einer Elektrode mit dem Innenleiter verbunden ist (vgl. Abbildung 3.2). Die Koaxialleitung dient im Zusammenspiel mit einer Hohlleiterkonfiguration als Anpassnetzwerk.

Vor der Zündung der Lampe sind die Elektroden galvanisch voneinander getrennt. In diesem Fall wird an der dem Koaxialleiter zugewandten Seite ein hohes elektrisches Feld an der Elektrodenspitze erzeugt und bewirkt die Zündung. Im Betrieb stellt das Plasma selbst eine leitfähige Verbindung zwischen den beiden Elektroden dar. Das Plasma kann dabei hochfrequenztypisch als Leiter mit komplexer Permittivität nach Formel 3.9 beschrieben werden. Diese Permittivität bewirkt eine hohe Leistungsaufnahme der Lampe und reduziert die Abstrahlung der Mikrowelle von der Antenne. Die Elektroden sind in dieser Konfiguration während des Betriebs theoretisch inaktiv. Die Grundkonfiguration ist in Abbildung 3.2 dargestellt.

Durch diesen Ansatz wird es ermöglicht D2 und D4 Lampen zu betreiben. Hierbei wurden mit D2 und D4 Lampen Lichtausbeuten von 168 lm/W, respektive 115 lm/W erzielt [56]. Darüber hinaus können bereits bei geringen Leistungen von 80 W sehr hohe Drücke in quecksilberbasierten Lampen von über 100 bar erzeugt werden [54]. Die Theorie hinter der Konfiguration ist auf numerischem Wege ermittelt und in [58] dargestellt. Die Inaktivität der Elektroden stellt einen weiteren Vorteil in dieser Konfiguration dar. Weil keine Nettoströme durch die Elektroden fließen, können diese durch Glas-Ummantelungen galvanisch von dem Entladungsraum getrennt werden. Dies ermöglicht beispielsweise den Betrieb von schwefelhaltigen Lampen [54]. Das System konnte hochfrequenztechnisch weiter optimiert werden, so dass Lichtausbeuten bezüglich der eingekoppelten Mikrowellenleistung von annähernd 200 lm/W mit gepulster Mikrowelle und D2 Lampen erreicht werden konnten. Mit Projektionslampen wurden in gleicher Anordnung etwa 60 lm/W erzielt, was in etwa 60 % der Lichtausbeute von kommerziell angeregten Lampen gleichen Bautyps entspricht.

Gerade die widersprüchlichen Aussagen der Ergebnisse der D2 Lampen, die in dieser Betriebskonfiguration eine wesentliche Erhöhung der Lichtausbeute erfahren, und den Ergebnissen mit den Projektionslampen sind zunächst nicht nachvollziehbar. Da in [57] Bedenken zur verwendeten Lichtmesstechnik zur Bestimmung der Lichtausbeute geäußert wurden, sollten diese Ergebnisse zumindest überprüft werden. Die Untersuchung dieser Anregungsweise kann Kapitel 7 entnommen werden.

**Abbildung 3.3: Betrieb einer InI basierten Entladung in einer Luft-
spule;** Die Abbildung zeigt den Betrieb einer mit Argon gepufferten Indiumiodid gefüllten Lampe in einer
Luftspule mit dem Ziel des induktiven Betriebs. Erkennbar ist eine starke Deformation des Bogens, mit
Krümmung hin zu den Spulenwindungen.

3.2.3 INDUKTIVE ANREGUNG

Die induktive Einkopplung eines hochfrequenten Wechselfeldes in
ein Plasma zum Betreiben einer Lampe ist für Niederdruckentladungen hinreichend beschrieben [59], [36], [60] und soll an dieser Stelle
lediglich der Vollständigkeit halber angegeben werden. Die Entladung
profitiert bei dieser Anregung im Allgemeinen von großen Durch-
messern, die notwendig sind, um hohe Umlaufspannungen in der
Entladung zu induzieren.

Zu Testzwecken wurde eine Indium (I) Iodid gefüllte Lampe bei einer Mikrowellenleistung $P_{net} = 130\,\mathrm{W}$ im Inneren einer Luftspule
betrieben. Ein Foto des Betriebs ist in Abbildung 3.3 dargestellt.

Der Betrieb weist eine sehr hohe Wandbelastung auf. Direkt nach dem Einschalten konnte die Entglasung des Lampenkörpers beobachtet werden. Darüber hinaus zieht sich der Entladungsbogen an den Rand des Entladungsgefäßes zu den Windungen der Spule hin. Es kann davon ausgegangen werden, dass in diesem Fall noch ein kapazitiver Betrieb vorliegt. Eine Erhöhung der Windungszahl kommt wegen der Lichtabschattung nicht in Betracht. Im Vergleich zu anderen Anregungsformen erscheint die Lampe weniger hell.

Der induktive Betrieb scheidet somit für die weiteren Untersuchungen aus. Weitere Versuche hierzu wurden nicht durchgeführt.

3.2.4 SURFATRONANREGUNG MITTELS OBERFLÄCHENWELLEN

Bei der Anregung des Plasmas mittels Oberflächenwellen wird die Leistung in der Grenzfläche zwischen Glas und Plasma transportiert. Die grundsätzliche Funktionsweise ist in [61], [62], [16], [61], [63], [64], [65], [66] und [67] ausführlich beschrieben. An dieser Stelle sollen lediglich die wichtigsten Eigenschaften zusammengefasst werden.

EIGENSCHAFTEN VON OBERFLÄCHENWELLEN

Die komplexe Permittivität und die komplexe Leitfähigkeit des Plasmas sind durch die Formeln 3.9 und 3.8 gegeben. Da die beiden Größen korrelativ sind wird an dieser Stelle lediglich auf die Permittivität eingegangen. Für diese gilt $\epsilon_p \leq 1$. Darüber hinaus kann sie negative Werte annehmen. Wird das Plasma durch eine ebene Glaswandung mit der Permittivität ϵ_g begrenzt und gilt die Bedingung

$$|\epsilon_p| > \epsilon_g \tag{3.12}$$

so kann eine TM-Welle ausbreitungsfähig werden, deren elektrischen Felder von der Grenzfläche aus exponentiell abfallen (vgl. [62] und darin zitierte Werke). Analog zur Optik kann dies als Totalreflexion einer elektromagnetischen Welle angesehen werden. Aufgrund der negativen Permittivität im Plasma tritt der exponentielle Abfall der elektrischen Feldstärke jedoch auf beiden Seiten der Grenzfläche auf. Die Leistung wird somit in der Nähe der Grenzfläche transportiert, wodurch die Namensgebung der Oberflächenwelle erklärt wird [16]. Wird das Plasma anstatt einer ebenen Grenzfläche von einem dielektrischen Rohr (Glasrohr) begrenzt, so können sich verschiedene Typen der Oberflächenwelle ausbilden. Da in dieser Arbeit lediglich Plasmen mit kleiner räumlicher Ausdehnung, sowohl in der Länge als auch im Durchmesser, behandelt werden, wird von einer zylindersymmetrischen Oberflächenwelle vom Typ $m = 0$ ausgegangen. Höhere Moden und deren Effekte werden im Folgenden vernachlässigt.

In Abbildung 3.4 ist die qualitative betragsmäßige Verteilung des elektrischen Feldes E als radiale E_r und axiale Komponente E_z dargestellt. Die Verteilungen wurden nach der Methode aus [67] für ein Plasma mit einem Radius von $r_p = 2\,\mathrm{mm}$ und einem äußeren Radius der Glasbegrenzung von $r_g = 3\,\mathrm{mm}$ für ein homogenes Plasma bei einer Frequenz von $f = 2,45\,\mathrm{GHz}$ und $\omega/\omega_p = 0,2$ berechnet ($\epsilon_g = 3.8$, $\omega >> \nu_c$) (vgl. [62]).

Für den rotationssymmetrischen Fall kann die Feldverteilung der Oberflächenwelle vom Typ $m = 0$ als modifizierte Besselfunktion nullter (für E_z) bzw. erster Ordnung (für E_r) angegeben werden [16]. Lediglich für große Abstände vom Mittelpunkt geht die Feldverteilung in einen exponentiellen Abfall über. Das Verhalten an den Grenzflächen ergibt sich aus den Randbedingungen für elektrische Felder.

Aus der Abbildung wird ersichtlich, dass elektrische Feldkomponenten außerhalb des Entladungsgefäßes vorhanden sind und erst in

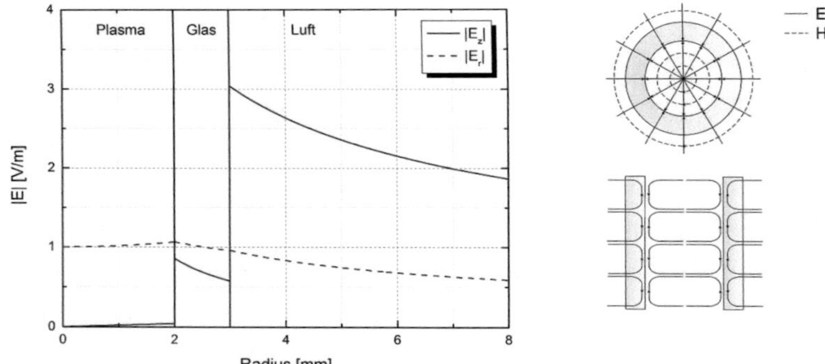

Abbildung 3.4: Feldverteilung einer Oberflächenwelle in einem durch ein Glasrohr begrenzten Plasma; Die Abbildung zeigt die radiale Feldverteilung einer Oberflächenwelle (l.), die auf eine zylinderförmige Entladung aufgeprägt wurde. Die Verteilungen wurden nach der Methode aus [16] und [67] berechnet. Als Parameter wurden $f = 2,45\,\mathrm{GHz}$ $\epsilon_g = 3,8$ und $\omega/\omega_p = 0,2$ unter der Randbedingung $\omega >> \nu_c$ gewählt. Zur Verdeutlichung sind die schematischen Feldliniendiagramme im Schnitt entlang des Radius (r.o.) und der Achse (r.u.) dargestellt.

einigem Abstand auf Null abgesunken sind. Wird die z-Komponente des Feldes unterdrückt, kann auch ein Abstrahlen von Mikrowellen unterdrückt werden. Der Feldanteil außerhalb der Entladung trägt keine Wirkleistung, da das wechselwirkende Medium fehlt, in dem Leistung umgesetzt werden könnte. Im Inneren der Entladung hat die radiale Feldkomponente den größten Einfluss. Wie in Kapitel 3.1.2 beschrieben, geschieht der Energietransfer zwischen der Mikrowelle und dem Plasma nahezu ausschließlich durch ohmschen Leistungseintrag, bedingt durch die Leitfähigkeit des Plasmas.

Zusammenfassend lassen sich für den Lampenbetrieb vorteilhafte Eigenschaften der Oberflächenwellen angeben:

- Ein Abstrahlen von Mikrowellen von der Lampe kann ohne die Verwendung externer Abschirmung unterdrückt werden.

- Die Entladung kann räumlich ausgedehnt sein.

- In der Entladung ergibt sich eine definierte Feldverteilung.

- Die Entladung ist zugänglich für optische Analytik, ohne das Abschirmungen der Mikrowellen störend wirken.

Die Anregung von mikrowellenbetriebenen Lampen mittels Oberflächenwellen ist somit geeignet für kontrollierte Untersuchungen der Entladungseigenschaften.

ANREGUNG VON OBERFLÄCHENWELLEN

Nachdem die hochfrequente Leistungseinkopplung in ein Plasma mittels Oberflächenwellen als geeignet eingestuft wurde, müssen anwendbare Verfahren zur Anregung von Oberflächenwellen betrachtet werden. Ein Überblick über verwendbare experimentelle Strukturen zur Anregung von Oberflächenwellen ist in [65] gegeben (vgl. [62]). Als mögliche Struktur wurde das Surfatron gewählt, da dieses die einfachste mechanische Struktur bei gleichzeitiger Möglichkeit zur Miniaturisierung aufweist. Dadurch kann eine kompakte Bauweise einer mikrowellenangeregten Lampe realisiert werden.

Abbildung 3.5 zeigt den prinzipiellen Aufbau eines Surfatrons nach [65]. Dieses besteht im Wesentlichen aus einer kurzen Koaxialleitung mit kapazitiver Mikrowellenankopplung. Die Koaxialleitung ist am Ende kurzgeschlossen, wodurch sich im Leerlaufbetrieb eine magnetische Feldüberhöhung auf der Rückseite des Surfatrons ergibt. An

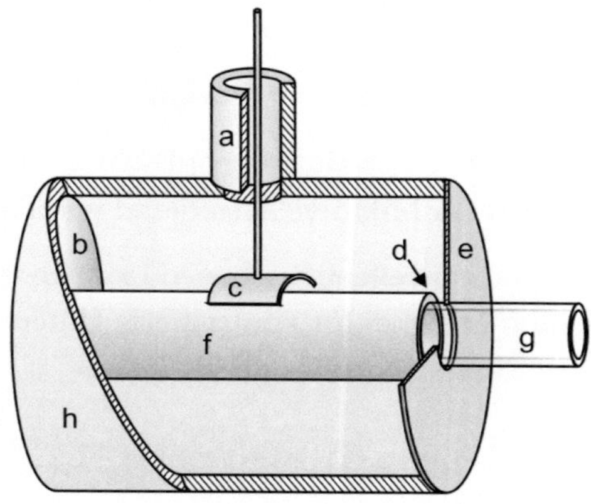

Abbildung 3.5: Schemazeichnung Surfatron; Die Abbildung zeigt den schematischen Aufbau eines Surfatrons mit seinen Hauptkomponenten. Diese sind: a die koaxiale Zuleitung der Mikrowelle; b die Surfatronrückwand als Kurzschluss, oft als Kurzschlussschieber ausgelegt; c der Koppelkondensator zur Leistungsübertragung in die Struktur; d die Aussparung des Innenleiters zum Übertragen der Mikrowellen auf das Plasma (Koppelspalt); e der Frontplatte mit Durchführung für das Entladungsgefäß; f der als Rohr ausgeführt Innenleiter; g das Entladungsgefäß und h der Außenleiter des Surfatrons (vgl. [62]).

der Vorderseite ist der Innenleiter vor der Frontplatte des Surfatrons unterbrochen, wodurch sich eine Aussparung zum Übertragen der Mikrowellen auf das Plasma ergibt. An dieser Stelle entsteht eine Überhöhung des elektrischen Feldes und die magnetische Komponente wird klein. Über die räumliche Dimensionierung kann die Leistungsanpassung der Plasmen an ein Betriebsgerät mit festem Wellenwiderstand geschehen. Die Ankopplung der Oberflächenwelle geschieht durch den Koppelspalt. Ähnlich wie der Kurzschluss an der Rückseite des Surfatrons zur Magnetfelderhöhung führt, erzeugt die Unterbrechung des Innenleiters am Koppelspalt eine lokale Erhöhung der elektrischen Feldkomponente. Die elektrischen Feldlinien dringen in die Entladung ein (siehe Abbildung 3.6). Durch das Eindringen der Feldlinien entstehen radiale Komponenten des elektrischen Feldes. Die magnetische Komponente ist senkrecht dazu, und weist keine axiale Komponente auf. Daraus resultierend stellt sich ein axialer Poynting Vektor ein. Dieser verursacht das Aufprägen einer hin- und einer rücklaufenden Oberflächenwelle auf das Plasma. Beide Wellen sind ausbreitungsfähig und wandern entlang der Entladung. Bei genügend hoher Mikrowellenleistung, genügt die in das Plasma eingebrachte Leistung, um die Entladung zu betreiben. Diese breitet sich durch die ponderomotrische Kraft, die auf die Elektronen wirkt, linear entlang des Rohres aus. Die Leistungsdichte der Mikrowelle nimmt, im Gegensatz zur ungebundenen Welle, linear mit der Entfernung zur Einkoppelstelle ab. Das Ende der Entladung wird bei Niederdruckplasmen erreicht, wenn durch die Mikrowelle nicht mehr genügend Elektronen erzeugt werden, um die Entladung aufrecht zu erhalten. Ab diesem Punkt fällt die Leistungsdichte exponentiell mit der axialen Position ab. Wird das Ende des Entladungsgefäß zuvor erreicht, wird die Oberflächenwelle reflektiert [61], [65], [16]. Die Feldverteilung im Inneren des Surfatrons und der Entladung ist stark abhängig von der gewählten Ausführungsform und kann nicht allgemeingültig angegeben werden. Für das in

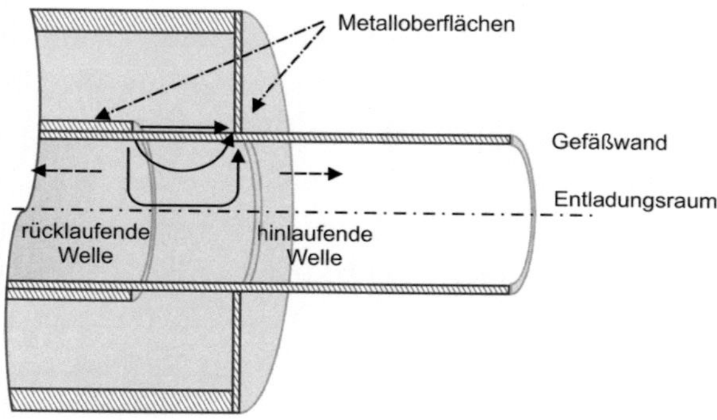

Abbildung 3.6: Aufprägung der Oberflächenwelle auf ein Plasma am Koppelspalt; Die Abbildung zeigt eine Detailansicht des Surfatron aus Abbildung 3.5. Erkennbar ist der Koppelspalt. Zusätzlich sind die Verläufe der Feldlinien eingezeichnet. Diese verlaufen zunächst parallel zur Oberfläche der Gefäßwand. Beim Eindringen in das Plasma werden sie gekrümmt, und bekommen eine vertikale Komponente. Diese wird genutzt, um eine hin- und eine rücklaufende Oberflächenwelle in das Plasma einzuprägen (vgl. [62]).

dieser Arbeit verwendete Surfatron wurde die Feldverteilung im Surfatron und im isotropen Plasma simuliert. Die Herangehensweise ist in Kapitel 8.1 beschrieben. Die ermittelten Feldverteilungen können Abbildung 8.1 entnommen werden.

Die für den Lampenbetrieb vorteilhaften Eigenschaften der Einkopplung mittels Surfatron sind:

- Kleine Bauformen sind realisierbar, da lediglich koaxiale Strukturen verwendet werden müssen.

- Die Leistungsanpassung der Entladung an die Quelle der Mikrowelle kann über die Surfatronstruktur selbst eingestellt werden, wodurch zusätzliche Anpassnetzwerke überflüssig sind.

- Der mechanische Aufbau ist leicht zu realisieren.

Im Vergleich mit den anderen Verfahren zur Leistungseinkopplung weist die Surfatroneinkopplug die meisten Vorteile auf. So ist sowohl eine elektrodenlose Lampenkonfiguration möglich sowie die Leistungsanpassung im Betrieb ohne die Notwendigkeit eines externen Anpassnetzwerkes.

Die für die Versuche gewählte Ausführungsform des Surfatrons kann Kapitel 6.1 entnommen werden.

3.3 ZUSAMMENFASSUNG KAPITEL 3

In den durchgeführten Betrachtungen wurde die Wechselwirkung des hochfrequenten Wechselfeldes mit dem Plasma beschrieben. Die in Kapitel 2 beschriebenen Formeln für die Leitfähigkeit der Entladung wurden erweitert. Durch die Einführung der komplexen elektrischen Leitfähigkeit und der komplexen Permittivität kann das Plasma hochfrequent beschrieben werden.

Über die theoretischen Betrachtungen des Leistungstransfers hinaus wurden mögliche Verfahren zur Leistungseinkopplung durch Mikrowellen in die Entladung besprochen, wie sie in der Literatur beschrieben wurden. Gerade die Anregung der Entladung über Oberflächenwellen ist dabei hervorzuheben, da hierbei die positiven Eigenschaften der Struktur zur Einkopplung der Mikrowelle überwiegen.

KAPITEL 4

AUSWAHL GEEIGNETER LAMPENFÜLLUNGEN

Im Folgenden sollen die Auswahlkriterien für die Zusammenstellung von Lampenfüllungen zur Erzeugung von Licht in Hochdruck-Gasentladungslampen beschrieben werden, wie sie in dieser Arbeit verwendet wurden. Ziel dabei ist die Erzeugung von Licht. Da von den verwendeten Plasmen bevorzugt Strahlung im sichtbaren Spektralbereich generiert werden soll, spielt die Konversion der Strahlung durch Phosphore keine Rolle.

Die Lampen sollen im Betrieb einen hohen Druck aufweisen, um ein stark verbreitertes Linienspektrum oder bevorzugt kontinuierliche, respektive Molekülstrahlung zu generieren. Zum Starten der Lampen ist ein hoher Druck allerdings meist hinderlich, da die Zündspannung mit steigendem Druck zunimmt und die Lampe somit nicht mehr gestartet werden kann. Besonders bei der Verwendung von elektrodenlosen Lampen stellt dies einen erheblichen Nachteil dar. Da die starke Feldüberhöhung für den Durchbruch der Entladung von außen in das System eingekoppelt werden muss, existiert diese auch außerhalb des Entladungsraumes. Dies kann zu ungewollten Lichtbögen außerhalb der Lampe führen.

In den meisten Anwendungen ist es daher ratsam strahlungsemittierende Substanzen zunächst als Feststoff oder Flüssigkeit in die Lampe einzubringen. Durch das Aufheizen der Wand des Entladungsgefäßes verdampfen diese im Betrieb, und sorgen so für den benötigten hohen Druck.

Die Auswahlkriterien, für die in dieser Arbeit verwendeten Lampenfüllungen werden im Folgenden beschrieben.

4.1 STARTGAS

Wie bereits beschrieben, wird zweckmäßigerweise die eigentlich strahlende Komponente der Lampenfüllung erst im Betrieb der Lampe verdampft. Um dennoch ein Plasma im Entladungsraum zu erzeugen, muss ein Startgas gewählt werden, mit dem zunächst ein Plasma generiert werden kann. Durch die zugeführte Leistung erhitzt dieses die Wände des Entladungsgefäßes, wodurch die feste oder flüssige Füllung verdampfen kann.

Für die Auswahl der Startgase stehen im Wesentlichen zwei Kriterien zur Verfügung. Zum einen muss das Startgas eine niedrige Zündspannung aufweisen, zum anderen sollte es inert gegenüber den anderen Füllungen sein. Die Verwendung von Edelgasen ist dafür geeignet.

In technischen Anwendungen sind Ne, Ar, Kr, Xe oder Mischungen aus diesen verbreitet. He wird in der Praxis nicht verwendet, da es auf Grund des kleinen Atomradius durch Glas diffundieren kann und somit im Laufe der Zeit in der Entladungskammer verarmt.

Die Zündfähigkeit von Gasen ist durch die gasspezifische Paschen-Kurve gegeben. Die Prinzipien sind auf mikrowellenangeregte Plasmen übertragbar [51]. Um eine qualitative Aussage zu machen, können bekannte minimale Zündspannungen für verschiedene Gase betrachtet werden, die in der Literatur verfügbar sind [32]. Diese sind für unterschiedliche Elektrodenmaterialien in Abbildung 4.1 im Paschen-

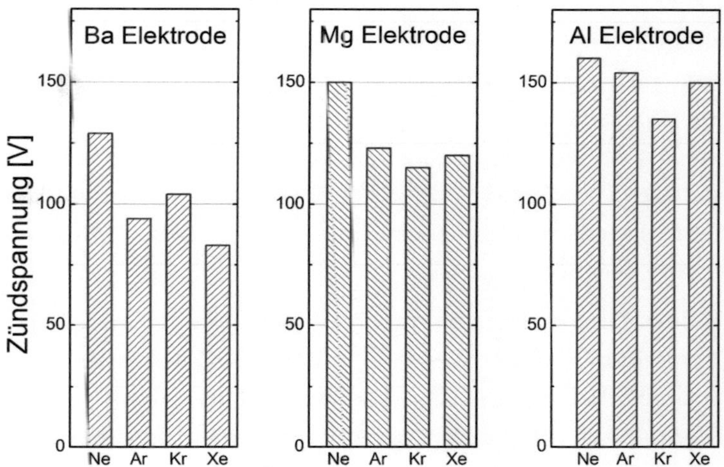

Abbildung 4.1: Gegenüberstellung von Zündspannungen unterschiedlicher Edelgase; Die Abbildung zeigt die Zündspannung für Neon, Argon, Krypton und Xenon für unterschiedliche Elektrodenmaterialien im Paschen-Minimum (vgl. [32]).

minimum dargestellt. Für höhere Drücke jenseits der Paschenminima weist Neon die geringste Zündspannung auf [32].

Neben der Zündfähigkeit müssen die Entladungen hohe Leitfähigkeiten aufweisen, um bei gleich bleibendem elektrischen Feld möglichst viel Leistung aufnehmen zu können und somit einen schnellen Hochlauf der Lampe zu gewährleisten. Während des Lampenstarts entspricht die Entladung noch einer erzwungenen Niederdruckentladung. Zwar lassen sich die Elektronendichten dieser Entladung nicht über das thermische Gleichgewicht bestimmen, dennoch lässt sich auch die Leitfähigkeit von Niederdruckentladungen durch Formel 3.7 berechnen, solange die Elektronendichten bekannt sind.

Die Leitfähigkeit ist somit abhängig von der Elektronendichte sowie der Stoßfrequenz. Diese lässt sich für Niederdruckentladungen ebenfalls wie in Kapitel 3.1.1 beschrieben annähern. Für Laborexperimente und die dazugehörige Modellbildung für die Gasentladung ist es von Nachteil Gasmischungen zu nutzen. Die Reproduzierbarkeit solcher Mischungen ist sehr aufwändig. Darüber hinaus steigt die Komplexität zur Modellierung der Entladungen mit jeder an der Entladung beteiligten Komponente.

Um die Leitfähigkeit zu bestimmen kann die exakte Formel (Formel 3.7) der Leitfähigkeit im Wechselfeld unter der Randbedingung der Boltzmannverteilung in Abhängigkeit von der Temperatur gelöst werden. Für den Gleichstromfall ergibt sich die Proportionalität

$$\sigma \propto \frac{e^{-E_i/2k_B T}}{Q \cdot n_A} \tag{4.1}$$

unter Vernachlässigung der Terme, in denen die Temperatur nicht exponentiell eingeht.

Für die experimentellen Arbeiten im Labor hat sich eine sehr stark vereinfachte Abschätzung der Zusammenhänge über den Atomradius und die Ionisierungsenergie als zweckmäßig erwiesen. So nimmt die Leitfähigkeit mit abnehmendem Stoßquerschnitt (abnehmendem Atomradius) der verwendeten Gase, bzw. zunehmender Elektronendichte (abnehmender Ionisierungsenergie) zu, so lange vergleichbare Temperaturen genutzt werden.

Die Atomradien als Maß für die Stoßquerschnitte, die Ionisationsenergie als Maß für die Elektronendichten und das Verhältnis des Exponentialterms aus Formel 4.1 zu dem Quadrat der Radien als Maß für die Leitfähigkeit der Entladung ist für die Temperatur von 1300 K in Abbildung 4.2 dargestellt. Für die Leitfähigkeit gilt dabei näherungsweise: Je höher der Quotient $e^{-E_i/2k_B T}/r^2$, um so höher ist auch die Leitfähigkeit.

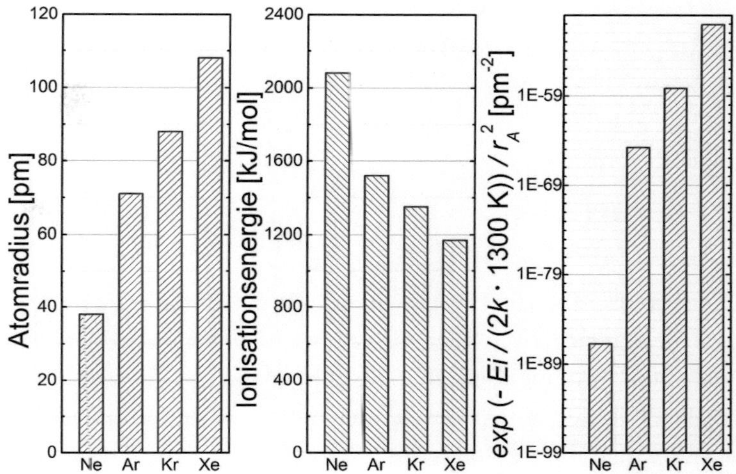

Abbildung 4.2: Gegenüberstellung der Edelgaseigenschaften für Startgasfüllungen; In der Abbildung sind die Atomradien und die Ionisationsenergien dargestellt. Darüber hinaus ist der Quotient $e^{-E_i/2k_B T}/r^2$ bei Temperaturen von $T = 1300\,\text{K}$ als Vergleichsmaß für die Leitfähigkeit der Plasmen während des Hochlaufs aufgeführt.

Für das verwendete Puffergas besteht somit ein Zielkonflikt. Zum einen muss dieses einfach zu zünden sein, zum anderen sollte die Leitfähigkeit hoch sein, um einen schnellen Hochlauf der Lampe zu gewährleisten. In dieser Arbeit wurde bevorzugt Ar als Startgas verwendet. Zwar weisen Kr und Xe erwartungsweise höhere Leitfähigkeiten auf, jedoch sind diese sehr teuer. Da sich die Leitfähigkeit von Ar im Experiment als ausreichend herausstellte, wurde auf den Einsatz von Kr und Xe verzichtet.

Die zu verwendende Drücke des Startgases sowie der Einfluss auf die Entladung ist experimentell zu bestimmen. Dies ist in Kapitel 8.4.1 beschrieben.

4.2 LEUCHTGASE

Die Leuchtgase sind die Hauptbestandteile der Entladung. Im Betrieb sorgen diese für einen mäßigen bis hohen Druck zwischen mehreren hundert mbar und mehreren Bar. Das Spektrum der verwendeten Materialien soll in den hohen Druckbereichen von Kontinuumsstrahlung oder Molekülstrahlung dominiert werden. Die Herangehensweise zur Auswahl von Füllungen soll im Folgenden erläutert werden.

4.2.1 AUSWAHL NACH DEM DAMPFDRUCK

Die verwendeten Materialien sollen im Betrieb der Lampe einen möglichst hohen Druck erzeugen, um druckverbreiterte Spektren mit Untergrundstrahlung zu erzeugen. Mit Entladungsgefäßen aus Quarzglas ist die Temperatur auf etwa 1600K limitiert, da die Gefäße bei höheren Temperaturen schmelzen. Der Partialdruck der Materialien in Abhängigkeit der Temperatur stellt somit einen wichtigen Parameter dar.

Die Dampfdrücke der meisten Reinstoffe weisen bei Temperaturen unter 1600 K sehr niedrige Partialdrücke auf. Um den Druck zu erhöhen können Verbindungen mit Halogenen genutzt werden. Der jeweilige Dampfdruck der verwendeten Materialien bei der Temperatur der kältesten Stelle der Lampe bestimmt den maximalen Partialdruck des Materials. Für die Auslegung der Lampen können die Daten der Literatur entnommen werden [49], [68]. Die Moleküle dissoziieren in den

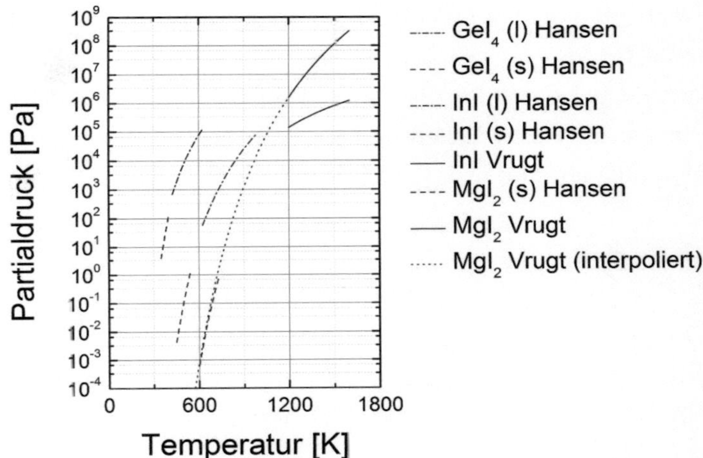

Abbildung 4.3: Dampfdrücke der verwendeten Leuchtgase; Die Abbildung stellt die Dampfdrücke der verwendeten Leuchtgase in Abhängigkeit der Temperatur dar. Zu Grunde lagen hierbei die Daten aus [49] und [68]. Da in beiden Quellen unterschiedliche Temperaturbereiche abgedeckt werden, wurden die Zwischenwerte des Magnesiumiodids wie in [68] beschrieben interpoliert.

heißen Bereichen der Lampe. Somit kann das eigentlich strahlende Material als Reinstoff angeregt werden. Über dies hinaus kann zudem die Molekülstrahlung des jeweiligen Halogenids zur Lichterzeugung genutzt werden.

In Abbildung 4.3 sind die Dampfdrücke der in dieser Arbeit als Leuchtgas ausgewählten und genutzten Materialien aufgeführt.

Sowohl Indium (I) Iodid (InI), Magnesium (II) Iodid (MgI$_2$) und Germanium (IV) Iodid (GeI$_4$) weisen bereits im Temperaturbereich zwischen 900 K und 1200 K Dampfdrücke oberhalb des Atmosphärendrucks auf und stellen potentielle Leuchtgase für die untersuchten Lampen dar.

Der Partialdruck des Füllmaterials bestimmt bei klein bleibenden Startgasdrücken im Wesentlichen den Gesamtdruck in der Lampe. Die Zusammenhänge sind in 4.5 beschrieben.

4.2.2 AUSWAHL NACH EMISSIONSLINIEN

Für den Betrieb in der Hochdruckentladung lassen sich einige Faustregeln für die Auswahl der emittierenden Materialien aufstellen. Festgehalten werden kann, dass bevorzugt Strahlung im sichtbaren Spektralbereich emittiert werden soll. Im ersten Schritt zur Materialauswahl soll die Molekülstrahlung zunächst vernachlässigt werden. Die Linienstrahlung der Elemente ist bestens bekannt und in [69] von der NIST zur Verfügung gestellt. Darüber hinaus können [70], [71], [72] und die Anhänge von [73] genutzt werden. Die Liniendiagramme der in dieser Arbeit genutzten Leuchtgase sind in Abbildung 4.4 dargestellt[1]. Alle drei Materialien weisen Linienstrahlung im sichtbaren Spektralbereich auf. Als Faustregel gilt bei den verwendeten Lampen: Intensive Linien im ultravioletten und blauen Spektralbereich sind meist selbstumgekehrt und bilden einen breiten Flügel hin zu längeren Wellenlängen.

Sowohl Indium, Magnesium und Germanium weisen in den gewünschten Bereichen Linienemission auf. Werden die Materialien als

---

[1]Zum Erstellen der Abbildung wurde [69] genutzt. Die Suche wurde auf gemessene Wellenlängen reduziert. Um eine Selektion zu erhalten wurden lediglich die stärksten Linien verwendet. Die minimalen relativen Intensitäten bei der Suche beliefen sich bei In auf $I_{rel} = 1000$, bei Mg auf $I_{rel} = 40$ und bei Ge auf $I_{rel} = 1000$. (Stand: 24.06.2012)

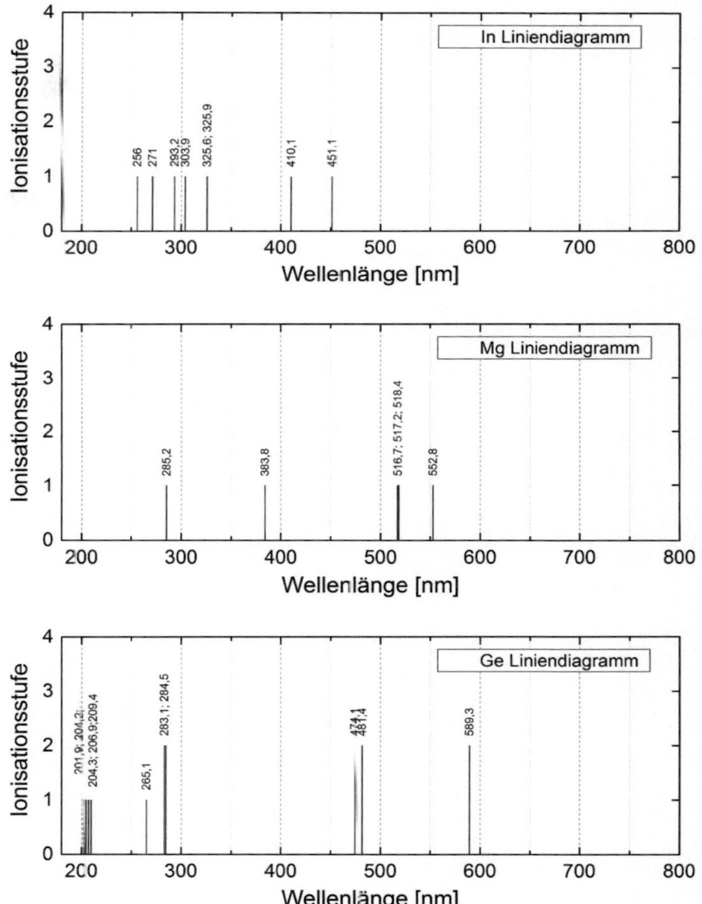

Abbildung 4.4: Liniendiagramme der als Leuchtgas genutzten Komponenten; In der Abbildung sind die Liniendiagramme der als Leuchtgas verwendeten Komponenten Indium (o.), Magnesium (m.) und Germanium (u.) im sichtbaren und ultravioletten Spektralbereich dargestellt. Zu Grunde gelegt wurden die Daten der NIST (vgl.: [69]). Bei den Linien handelt es sich um eine Auswahl der intensivsten Linien.

Iodide verwendet (siehe Kapitel 4.2.1) können überdies hohe Drücke im Lampeninneren erzielt werden.

4.2.3 AUSWAHL NACH LEITFÄHIGKEIT DES PLASMAS

Für klassisch mittels Elektroden versorgte Lampen limitiert die Leitfähigkeit des Plasmas die erreichbare Lampenleistung. Bei hoher Leitfähigkeit nimmt die Brennspannung der Lampe ab. Für gleiche Leistungen müssen daher wesentlich höhere Ströme durch die Elektrodendurchführungen transportiert werden. Bei mikrowellenangeregten Lampen hingegen stellt eine hohe Leitfähigkeit auf Grund der fehlenden Elektroden keinen Nachteil dar. Im Gegensatz hierzu kann mit gleich bleibendem elektrischem Feld mit zunehmender Leitfähigkeit des Plasmas mehr Leistung umgesetzt werden. Darüber hinaus nimmt die Skintiefe des Plasmas mit zunehmender Leitfähigkeit ab (vgl. 3.7). Somit ist ein weiterer Freiheitsgrad der Entladung verfügbar.

Für den Betrieb mittels Surfatron ist eine hohe Leitfähigkeit ebenfalls von Vorteil, da durch eine höhere Leitfähigkeit Mikrowellen entlang der Entladung transportiert werden können (vgl. Kapitel 3.2.4).

Werden die jeweiligen Partialdrücke der Komponenten vernachlässigt, kann die Betrachtungen der Leitfähigkeit in Analogie zu Kapitel 4.1 durchgeführt werden. In Abbildung 4.5 sind diesbezügliche Eigenschaften der Leuchtgase als Reingase aufgeführt. Der Einfluss des zusätzlichen Iods wurde dabei vernachlässigt.

Wird der Entladung Iod hinzugesetzt, erhöht dies die Stoßfrequenz der Elektronen. Aufgrund der hohen Ionisierungsenergie und der hohen Elektronegativität wird die Elektronendichte lediglich schwach erhöht, bzw. bei niedrigen Temperaturen zusätzlich verringert. Die Leitfähigkeit des Systems nimmt somit ab.

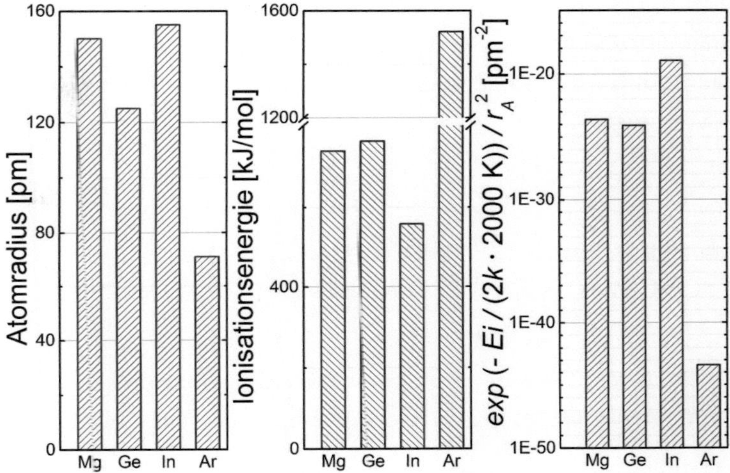

Abbildung 4.5: Gegenüberstellung der Leuchtgaseigenschaften als Reingase; In der Abbildung sind die Atomradien und die Ionisationsenergien dargestellt. Darüber hinaus ist der Quotient $e^{-E_i/2k_B T}/r^2$ bei Temperaturen von $T = 2000\,\mathrm{K}$ als Vergleichsmaß für die Leitfähigkeit der Plasmen während des Betriebs aufgeführt. Zum Vergleich ist Argon mit in die Diagramme aufgenommen. Das Verhältnis ist bei gleichem Partialdruck der Komponenten ein Maß für die Leitfähigkeit der Plasmen während des Betriebs.

Alle drei verwendeten Materialien können in den Lampen eingesetzt werden. Neben dem erreichbarem Partialdruck und den spektralen Betrachtungen kann aufgrund der zu erwartenden hohen Leitfähigkeit des Plasmas gezielt eine hohe Leistung in die Entladungen eingebracht werden. Aufgrund der Stöchiometrie der Moleküle muss sowohl das Germaniumiodid als auch das Magnesiumiodid mehrfach dissoziieren, bevor die Stoffe als reine Atome vorliegen. Lediglich bei der

Verwendung von Indiumiodid ist dies mit einer einfachen Dissoziation möglich, was zu einer vergleichsweise höheren Atomdichte führt. Daher ist Indiumiodid gegenüber den anderen möglichen Füllungen zu bevorzugen.

4.2.4 ABSCHLUSSBETRACHTUNG ZU DEN AUSWAHLKRITERIEN DES LEUCHTGASES

Alle bislang beschriebenen Komponenten sind in mikrowellenangeregten Lampen einsetzbar und weisen jeweilige Vor- sowie Nachteile auf.

Der Dampfdruck der Komponenten steigt mit dem Anteil an Iod im Molekül in dem erwarteten Temperaturbereich über 1300 K des Coldspots der Lampen. Allerdings nimmt die Leitfähigkeit erwartungsweise in derselben Reihenfolge ab. Alle Materialien weisen Linien im Sichtbaren auf.

Eine weitere Selektion der Materialien muss auf experimentellem Wege geschehen. Dies ist in Kapitel 8.3 beschrieben.

4.3 ADDITIVE ZUM AUFFÜLLEN DES SICHTBAREN SPEKTRALBEREICHS

Die Leuchtgase in der Entladung erzeugen neben der Linienstrahlung aufgrund des hohen Partialdrucks einen kontinuierlichen Strahlungsanteil. Für eine hohe Farbwiedergabe ist dies erwünscht. Allerdings geht die Kontinuumsstrahlung im sichtbaren Spektralbereich mit der Erzeugung nicht sichtbarer Strahlung einher. Der nicht sichtbare Strahlungsanteil muss für die Erzeugung von Licht als Verlust betrachtet werden, da dieser nicht zu dem Lichtstrom und somit zur Lampeneffizienz beiträgt. Um den Strahlungsanteil im sichtbaren Bereich zu erhöhen können der Entladung weitere Komponenten hinzugefügt werden, deren Linienstrahlung den sichtbaren Bereich anreichert.

In dieser Arbeit wurde hierzu Natrium und Dysprosium genutzt. Die Liniendiagramme sind in Abbildung 4.6 dargestellt. Bei den Materialien handelt es sich um zwei verschiedene Herangehensweisen zum Auffüllen des Spektralbereichs. So lässt sich der sichtbare Bereich zum einen durch Elemente mit sehr vielen strahlenden Übergängen anreichern, um weiterhin einen weißen Lichteindruck zu erzeugen. Dies kann beispielsweise mit Dysprosium geschehen. Zur reinen Erhöhung der Lichtausbeute allerdings wird zweckmäßigerweise zusätzliche Linienstrahlung erzeugt, die möglichst nahe am Maximalwert der $V(\lambda)$ - Kurve bei $\lambda = 555\,\mathrm{nm}$ liegt. Dies kann beispielsweise durch die Verwendung von Natrium mit einer sehr starken Doppellinie bei $\lambda = 589\,\mathrm{nm}$ und $\lambda = 589,6\,\mathrm{nm}$ geschehen.

Da die Entladungskonfiguration bereits durch das Leuchtgas bestimmt ist, müssen die Additive nicht genutzt werden, um die elektrischen Entladungseigenschaften wie die Leitfähigkeit oder Permittivität einzustellen. Idealerweise sollen diese überhaupt nicht geändert werden. Daraus resultierend genügen geringe Mengen der Gase von

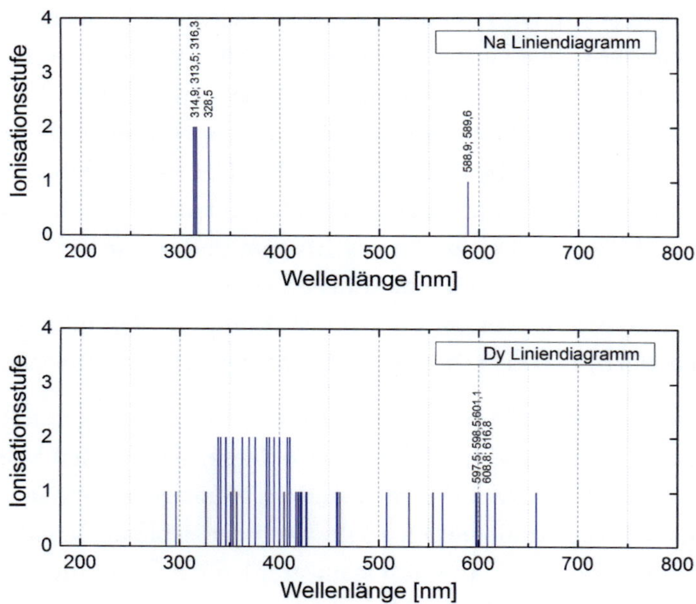

Abbildung 4.6: Liniendiagramme der verwendeten Komponenten zum Auffüllen des sichtbaren Spektralbereichs; In der Abbildung sind die Liniendiagramme der verwendeten Komponenten Natrium (o.) und Dysprosium (u.) zum Auffüllen des sichtbaren Spektralbereichs im sichtbaren und ultravioletten Spektralbereich dargestellt. Zu Grunde gelegt wurden die Daten der NIST (vgl.: [69]). Bei den Linien handelt es sich um eine Auswahl der prägnantesten Linien.

wenigen mbar Partialdruck um die gewünschte Linienstrahlung zu erzeugen.

Dies ermöglicht den Einsatz von Materialien mit eher niedrigen Dampfdrücken, die daher nicht als Hauptkomponenten genutzt werden können. Dennoch müssen diese in der Gasphase vorhanden sein. Als guter Laborrichtwert für den Mindestdruck zum Erzeugen von Linienstrahlung hat sich ein Wert von etwa $p = 0,8\,\mathrm{Pa}$ herausgestellt. Sowohl für elementares Natrium wie auch für elementares Dysprosium kann dieser Druck bei vertretbaren Temperaturen des Lampenkolbens nicht erzeugt werden. Wie auch bei dem als Leuchtgas eingesetzten Material, muss daher der Umweg über Halogenidverbindungen stattfinden. Die Partialdrücke von Dysprosium (III) Iodid sowie Natriumiodid sind in Abbildung 4.7 dargestellt. Durch die Verwendung des Iodids können diese in ausreichendem Maße in die Gasphase gebracht werden. Im Vergleich mit den Leuchtgasen aus Abbildung 4.3 weisen diese jedoch einen wesentlich geringeren Dampfdruck auf.

Im Volumen der Entladung dissoziieren die Moleküle zu den Elementen und können in Form atomarer Linienstrahlung zur Strahlung der Lampe beitragen. Sollte der Partialdruck des Puffermaterials zu stark zu den Eigenschaften der Entladung beitragen, so kann dieser über den ungesättigten Betrieb reduziert werden (vgl. Kapitel 4.5).

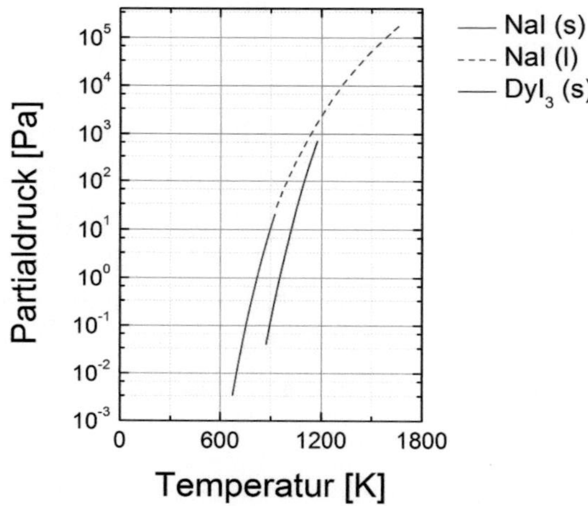

**Abbildung 4.7: Dampfdrücke der verwendeten Additive zum Auf-
füllen des sichtbaren Spektralbereichs;** Die Abbildung stellt die Dampfdrücke der verwendeten Additive (Natriumiodid und Dysprosium (III) Iodid) zum
Auffüllen des sichtbaren Spektralbereichs in Abhängigkeit der Temperatur dar. Zu Grunde lagen hierbei
die Daten aus [49].

4.4 Puffergase zum Anpassen der Plasmaeigenschaften

Durch die Leuchtgase sowie die Additive zur Bevölkerung des sichtbaren Spektralbereichs ist das Emissionsverhalten der Entladung weitestgehend bestimmt. Dennoch können weitere Eigenschaften der Lampe durch gezieltes Hinzufügen weiterer Materialien angepasst werden.

Somit lässt sich die Leitfähigkeit eines Plasmas über eine Erhöhung der Stoßfrequenz der Elektronen herabsetzen (vgl. Formel 3.7). Dies wird ermöglicht, indem der Entladung gezielt weitere Atome hinzugefügt werden, die aufgrund ihrer hohen Ionisationsenergie nicht entscheidend zur Erzeugung von Elektronen beitragen. Die mittlere freie Weglänge wird dadurch verkürzt.

Eine Möglichkeit dafür bietet der Einsatz von elementarem Iod, das der Lampe in Form von Diiodid zugefügt werden kann. Das Iod selbst trägt dabei nicht zur Strahlung bei.

Zur Erhöhung der Leitfähigkeit ist zu beachten, dass die Stoßfrequenz durch zufügen weiterer Materialien in jedem Fall erhöht wird, was der Erhöhung der Leitfähigkeit entgegen wirkt. Jedoch können gezielt Stoffe beigemengt werden, die auch die Elektronendichte beeinflussen. Eine Option stellt hierbei der Einsatz von Materialien mit niedriger Ionisierungsenergie dar. Zu bevorzugen sind Materialien, die einen niedrigeren Dampfdruck als das Leuchtgas aufweisen. In diesem Fall wird die Stoßfrequenz, die direkt proportional zur Teilchendichte und somit auch zu dem Druck ist, nur in geringem Maße verändert, sofern das Elektronenenergiespektrum dadurch lediglich gering beeinflusst wird. Durch die Änderung in der Ionisierungsenergie hingegen steigt die Elektronendichte exponentiell mit abfallender Ionisierungsenergie (vgl. Saha-Gleichung, Formel 2.27).

Prädestiniert hierfür ist Cer. Cer weist sich durch eine Ionisationsenergie aus, die unterhalb aller als Leuchtgase genutzten Komponenten

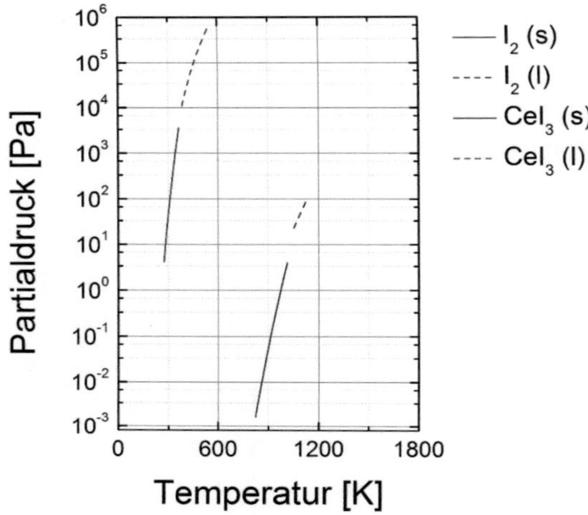

Abbildung 4.8: Dampfdrücke der verwendeten Materialien zur Anpassung der Plasmaeigenschaften; Die Abbildung stellt die Dampfdrücke der verwendeten Puffergase (Diiodid und Cer (III) Iodid) zur Anpassung der Plasmaeigenschaften in Abhängigkeit der Temperatur dar. Zu Grunde liegen die Daten aus [49].

liegt, ohne jedoch selbst Linienübergänge mit hoher Übergangswahrscheinlichkeit in der ersten Anregungsstufe aufzuweisen.

Um Einfluss auf die Leitfähigkeit zu nehmen, müssen die Materialien einen nicht zu vernachlässigenden Partialdruck aufweisen. Für die Beimengung von Cer ist auch in diesem Fall über die Beimengung des Halogenids zu verfahren, um die Partialdrücke zu erhöhen.

Der Partialdruck von Diiodid und Cer (III) Iodid in Abhängigkeit von der Temperatur ist in Abbildung 4.8 dargestellt.

Vergleicht man die Dampfdrücke mit denen des Leuchtgases in Abbildung 4.3, so ist die Druckerhöhung über die Verwendung von Diiodid direkt ersichtlich. Cer (III) Iodid hingegen weist einen wesentlich geringeren Dampfdruck auf und kann daher auch nicht als alleiniges Füllmaterial in der Lampe verwendet werden. Die Stoßfrequenz, die direkt proportional zu der Teilchendichte ist, wird daher nur in geringem Maße beeinflusst. Die Änderung der Leitfähigkeit ist durch den Anstieg der Elektronenkonzentration bestimmt.

4.5 LAMPENDRUCK

Bei Hochdrucklampen stellt der Lampendruck ein entscheidendes Kriterium dar. Sowohl die Druckverbreiterung als auch die Selbstumkehr der Linienstrahlung nimmt stark mit dem Lampendruck zu. Der Lampendruck ist dabei immer die Summe aller Partialdrücke der in der Lampe enthaltenen Komponenten [74].

Die verwendeten Lampen können unter Vernachlässigung der Konvektion näherungsweise als isobares System beschrieben werden. Die kälteste Stelle bestimmt somit immer den Druck in der Lampe. Wie in Kapitel 2.5 beschrieben, lässt sich auch in den in dieser Arbeit verwendeten Lampen zwischen dem gesättigten und dem ungesättigten Betrieb unterscheiden.

Im gesättigten Betrieb ändert sich der Lampendruck als Funktion des Dampfdruckes mit der Temperatur am Coldspot. Soll die Lampe über einen weiten Bereich hinweg dimmbar sein, wird die Coldspot-Temperatur bei verringerter Leistung stark reduziert. Im gesättigten Betrieb ändert sich dadurch mit dem Lampendruck auch die komplette Strahlcharakteristik der Lampe. Der Farbort verschiebt sich. Um dies zu vermeiden kann, für das Leuchtgas der ungesättigte Betrieb angestrebt werden.

Um dies zu erzielen, muss sichergestellt sein, dass die komplette Menge des als Leuchtgas hinzugefügten Materials im Betrieb verdampft.

4.6 VERMEIDUNG UNGEWOLLTER PROZESSE

Im Allgemeinen können in den verwendeten Lampen ungewollte Prozesse stattfinden. Hierbei sind chemische Reaktionen denkbar, aber auch Umlagerungsprozesse oder Einlagerungsprozesse. In allen Fällen werden der Entladung dadurch Füllungsbestandteile entzogen, Fremdstoffe beigefügt oder das Entladungsgleichgewicht in andere Weise geändert. Die relevantesten Prozesse, ob gewollt oder ungewollt, sind hierbei:

1. Diffusionsprozesse von Füllungsmaterialien in die Gefäßwand.

2. Chemische Reaktionen der Füllungsmaterialien untereinander.

3. Änderung des Lampendrucks durch Wechselwirkung der Füllungsmaterialien.

4. Chemische Reaktionen und Diffusionsprozesse der Füllungsmaterialien mit den Elektroden.

Da in dieser Arbeit bevorzugt elektrodenlose Lampen genutzt wurden, werden die Elektrodenprozesse nicht betrachtet. Die einzelnen Prozesse sollen im Folgenden beschrieben werden.

4.6.1 DIFFUSIONSPROZESSE VON MATERIALIEN IN DIE GEFÄSSWAND

Im Betrieb der Lampen sind sehr hohe Temperaturen bis $T = 6000°C$ im Inneren der Entladungsgefäße bei Wandtemperaturen um die $T = 1000°C$ mit starken axialen Gradienten zu erwarten. Aus diesen Gründen war die Verwendung von Quarzglas notwendig.

Als Quarzglas wird der hochreine amorphe Kristallzustand der erstarrten Schmelze des Siliziumoxids (SiO_2) bezeichnet. Als hochrein zählen hierbei Verunreinigungen im ppm-Bereich. Dieses Material verfügt über einen sehr hohen Erweichungspunkt um etwa $T_s = 1660°C$ mit einer Glasübergangstemperatur von $T_g = 1160°C$. Die maximale Arbeitstemperatur liegt bei $T_a = 1110°C$ bzw. kurzzeitig bei bis zu $T_g = 1300°C$ [75].

Generell können kleine Atome in das Material eindiffundieren. Durch die amorphe Struktur des Glases geschieht diese Diffusion bevorzugt als Einlagerung über Regionen mit niedriger Raumerfüllung. Die Diffusivität für Elemente nimmt dabei erfahrungsgemäß mit der Position des Elements im Periodensystem von oben nach unten und von links nach rechts ab [76].

Denkbar sind zwei unterschiedliche Prozesse. So können Verunreinigungen aus dem Quarzglas in den Entladungsraum gelangen, oder Füllungsmaterialien in das Glas eindiffundieren, wodurch diese der Entladung entzogen werden.

Das Ausdiffundieren aus dem Glas hängt in erheblichem Maße von der Reinheit des verwendeten Quarzglases ab, die von Charge zu Charge variieren kann. In den experimentellen Arbeiten hat sich dies in einigen Lampenchargen durch das Auftauchen von eindeutig identifizierbarer Linienstrahlung von Lithium gezeigt, die allerdings keine signifikanten Auswirkungen auf das emittierte Gesamtspektrum hatten.

Um der Diffusion in das Entladungsgefäß entgegen zu wirken, wurde auf die Verwendung von Alkalimetallen komplett verzichtet und aus der Erdalkaligruppe lediglich Magnesium verwendet. Der Diffusion des Halogens der Verbindungen kann entgegen gewirkt werden, indem Halogene mit möglichst hohen Atomradien gewählt werden. Aufgrund der Vermeidung von chemischen Reaktionen wurde bevorzugt Iod als Halogen verwendet.

In den durchgeführten Experimenten konnte während des vergleichsweise kleinen Beobachtungszeitraums keine Verarmung von Füllungsmaterialien im Betrieb festgestellt werden. Für einen Dauerbetrieb wurde über die Füllungsauswahl versucht der Diffusion entgegenzuwirken. Diese kann allerdings aufgrund des derzeitigen Kenntnisstandes nicht ausgeschlossen werden.

4.6.2 CHEMISCHE REAKTIONEN DER FÜLLUNGSMATERIALIEN UNTEREINANDER

Die Gasentladung in der Lampe bildet angesichts der hohen Temperatur und Leistungsdichte ein ideales Umfeld für chemische Reaktionen aller Art. Als gewollter Prozess fördert dies die Dissoziation der Moleküle (vgl. Kapitel 5.2), und fördert damit die Entstehung von Linienstrahlung. Damit einhergehend liegen in der Entladung alle Füllungskomponenten als Moleküle und deren Bestandteile vor und kommen miteinander in Berührung. Eine Zusammenfassung der Wechselwirkung unterschiedlicher Halogeniden des Indiums in Plasmen sowie die Wechselwirkungen mit keramischen Entladungsgefäßen sind in [77] und [48] beschrieben. Darüber hinaus sind Reaktionen verschiedenartiger Halogenide denkbar.

Sollte beispielsweise eine Dysprosiumiodid dotierte Lampe mit einem Bromid des Indium befüllt werden, besteht die Möglichkeit der Reaktion zwischen dem Iod des Dysprosiumiodids und dem Indium des Indiumhalogenids. Dies führt verglichen mit der ungepufferten Entladung zur erheblichen Änderung der Stoffkonzentrationen und damit einhergehend der Lichterzeugung innerhalb der Lampe.

Um die Vielfalt der möglichen chemischen Reaktionen zu reduzieren, werden die verwendeten Halogenide zweckmäßigerweise auf eine Spezies des Halogenids beschränkt.

4.6.3 ÄNDERUNG DES LAMPENDRUCKS DURCH WECHSELWIRKUNG DER FÜLLUNGSMATERIALIEN

Wie bereits im vorangehenden Kapitel beschrieben, sind chemische Reaktionen im Inneren des Entladungsraums nicht auszuschließen. Dies gewinnt an besonderer Bedeutung wenn Produkte und Edukte stark voneinander abweichende Dampfdrücke bei der jeweiligen Cold-spot Temperatur in der Lampe aufweisen. Liegt der Dampfdruck der Edukte wesentlich niedriger als der der Produkte, frieren die Edukte an der Gefäßwand aus und werden der chemischen Reaktion entzogen. Das chemische Gleichgewicht wird somit immer mehr in Richtung der Edukte verschoben. Im Extremfall bleibt somit keines der ursprünglich in die Lampe gefüllten Materialien erhalten.

Sollen die Halogenide auf eine Spezies beschränkt werden, ist es sinnvoll, die Halogenide zu verwenden, die zumindest für die Komponenten des Leuchtgases, sowie für die meisten Puffermaterialien den höchsten Partialdruck aufweisen (vgl.: [49]). Aus diesem Grunde wurden in dieser Arbeit nur Halogenide des Iods verwendet.

4.7 ZUSAMMENFASSUNG KAPITEL 4

In den vorangehenden Beschreibungen wurden die Auswahlkriterien für Füllungsmaterialien von mikrowellenangeregten Gasentladungslampen mit hohem Druck beschrieben.

Die Zusammensetzung des Gases in der Lampe kann dabei in vier Kategorien eingeteilt werden.

Ein Startgas wird benötigt, dass nach der Zündung der Entladung ein Plasma bildet, das genügend Energie aufnehmen kann, um die anderen Füllungsmaterialien, die als Feststoff eingebracht werden, zu verdampfen. Anhand der verfügbaren Daten wurde Argon als Startgas gewählt.

Das Leuchtgas selbst soll im Betrieb einen möglichst hohen Lampendruck erzeugen. Daher wurden Halogenide der Leuchtgase gewählt, die höhere Dampfdrücke ermöglichen. Dasselbe Vorgehen wurde für alle weiteren Materialien durchgeführt. Das Halogenid dissoziiert in der Gasphase, wodurch das Leuchtgas in atomarer Form vorliegt. Hinsichtlich der Auswahlkriterien wurden Halogenide des Indiums, Magnesiums und Germaniums gewählt.

Den Puffergasen können zwei wesentliche Eigenschaften zugesprochen werden. So können Puffergase eingebracht werden, um die spektralen Emissionseigenschaften der Lampen zu verbessern oder um die elektrischen Eigenschaften der Entladung anzupassen.

Für die Verbesserung der Emissionseigenschaften wurden Halogenide des Natriums und des Dysprosiums gewählt. Zum Einstellen der elektrischen Parameter wurde Diiodid und Ceriodid als geeignet eingestuft.

Um ungewollte chemische Prozesse zu vermeiden, wurden alle Stoffe als Iodidverbindung gewählt.

KAPITEL 5

MODELLBILDUNG ZUR INDIUMIODIDENTLADUNG

Im Folgenden soll die Modellbildung von mikrowellenangeregten Entladungen beschrieben werden. Diese ist auf das im experimentellen Teil hauptsächlich verwendete Indiumiodid beschränkt.

Zur Untersuchung der Entladungsformen werden zwei Modelle aufgestellt. Das Modell 1 wird hierbei die Abschätzung von elektrischen Eigenschaften der Indiumiodidentladung ermöglichen, wohingegen das Modell 2 die Strahlungsentstehung der Indiumiodidentladung beschreibt. Hierbei wird sowohl die Linienemission des Indiums als auch die molekulare Emission elektronischer Indiumiodidübergänge betrachtet.

5.1 MODELL 1: ABSCHÄTZUNG DER ELEKTRISCHEN EIGENSCHAFTEN

Bei der Entwicklung des ersten Modells zur Beschreibung indiumiodidhaltiger Entladungen stand die Erzeugung eines einfachen Modells im Vordergrund, dass ermöglicht, die Leitfähigkeit der Entladung, in Abhängigkeit der Temperatur abzuschätzen. Ziel ist es dabei nicht ein in sich widerspruchsfreies Modell zu erzeugen, welches in sich konsistent gelöst werden kann. Viel eher sollte das Modell als

Werkzeug dienen, um die Ausbreitung der Oberflächenwelle entlang der Plasmasäule abzuschätzen, um so zu einer besseren Vorstellung der Zustände in der Entladung beizutragen und die prinzipiellen Zusammenhänge zu klären.

5.1.1 ANNAHMEN FÜR DIE GASZUSAMMENSETZUNG

In dem ersten Modell soll ein homogenes Plasma mit gleichverteilten Teilchendichtekonzentrationen und konstanter Temperatur betrachtet werden, welches die grundlegende Verhaltensweise der Leitfähigkeit sowie der Ausbildung des Skineffekts beschreibt. Die Annahmen zu dem Modell haben entscheidende Vorteile.

Ein abgeschlossenes Plasma in einem Entladungsraum bildet bei Vernachlässigung der Konvektion ein isobares System. Weist dieses eine einheitliche Temperatur auf, so ist die Teilchendichtekonzentration durch das ideale Gasgesetz $pV = nRT$ gegeben und ebenfalls konstant. Als Parameter kann somit die Atomdichtekonzentration des eingefüllten Materials bei gegebenem Volumen des Entladungsgefäßes gewählt werden. Für hohe Temperaturen in der Entladung ist das Indiumiodid bevorzugt dissoziiert. Dies führt zu einem einheitlichen Modell mit den Annahmen:

- Es liegt ein ungesättigte Betrieb vor.
- Die Molekül- und Atomkonzentrationen weisen keine örtliche Abhängigkeit auf.
- Die Moleküle in der Entladung sind vollständig dissoziiert. Die Atomdichte ist gleich der Atomanzahl der einzelnen Spezies in der Füllmenge bezogen auf das Entladungsvolumen.
- Die Temperatur in dem betrachteten Volumen ist konstant.
- die Entladung ist thermalisiert und weist LTE auf.

5.1.2 BESTIMMUNG DER IONEN UND ELEKTRONENKONZENTRATION

Die Parameter für die Bestimmung der Leitfähigkeit im LTE sind die Elektronenanzahl n und der effektiven Stoßfrequenz für Momentübertragung ν_m (vgl.: Formel 3.7 und 3.8).

Geht man von der Quasineutralität des Plasma aus und vernachlässigt die Mehrfachionisation der Atome, so ergibt sich die Elektronenanzahl gleich der Anzahl der Ionen $n_e = n_i$. Die Elektronenanzahl kann somit über die Saha-Gleichung (Formel 2.27) bestimmt werden, und ergibt sich zu:

$$n_e = \sqrt{2 \cdot n_0 \cdot \frac{g_i}{g_0} \frac{(2\pi m_e k_B T)^{3/2}}{h^3} \, exp\left(-\frac{E_i}{k_B T}\right)} \qquad (5.1)$$

mit $g_i/g_0 = 1/2$ für Alkalimetalle und $g_i/g_0 = 2$ für die meisten anderen Atome (siehe Kapitel 2.2.7).

Für Gasgemische ist die komplette Anzahl der Elektronen im Gemisch zu benutzen. Demnach ergibt sich für Gemische folgenden Bestimmungsgleichungen für die Teilchendichten von Elektronen und Ionen:

$$\frac{n_{ik} n_e}{n_{0k}} = 2 \cdot \frac{g_{ik}}{g_{0k}} \frac{(2\pi m_e k_B T)^{3/2}}{h^3} \, exp\left(-\frac{E_i}{k_B T}\right) \qquad (5.2)$$

$$n_e = \sum_{k=1}^{a} n_{ik} \qquad (5.3)$$

Für: $k = 1 \ldots a$, mit a der Anzahl der beteiligten Spezies.

Für kleine Ionisationsgrade $n_i/n_0 \ll 1$ kann die Verarmung der Neutralteilchendichte in der Lösung der Saha-Gleichung vernachlässigt werden und n_{0k} ergibt sich näherungsweise gleich der Differenz aus der Neutralteilchendichte bei der Temperatur von $T = 0\,\mathrm{K}$ und der Ionendichte der jeweiligen Spezies n_{ik}. In diesem Fall kann das Gleichungssystem für das verwendete System direkt gelöst werden.

In Abbildung 5.1 sind die so berechneten Teilchendichten für das Indiumiodid-Argon-System unter den getroffenen Annahmen dargestellt. Als wichtigste Aussage lässt sich festhalten, dass die Elektronendichte n_e in guter Korrelation zur Ionendichte des Indium n_{In+} steht, was jedoch hinsichtlich der vergleichsweise geringen Ionisierungsenergie des Indiums nicht weiter verwundert (vgl. Kapitel 4.2). Darüber hinaus ist eine merkliche Verarmung der Indium-Neutralteilchendichte erst ab Temperaturen von etwa $6000\,\mathrm{K}$ zu erwarten.

5.1.3 ABSCHÄTZUNG DER LEITFÄHIGKEIT UND DER PERMITTIVITÄT

Die Leitfähigkeit und die Permittivität im hochfrequenten Wechselfeld sind wie in Kapitel 3.1.1 beschrieben komplementäre Größen und abhängig von der Stoßfrequenz ν_m, der Plasmafrequenz ω_p und der Anregungsfrequenz ω (vgl. Formel 3.7 und 3.8). Die Stoßfrequenz lässt sich nach Formel 2.12 aus Kapitel 2.2.2 bestimmen, sofern der Wechselwirkungsquerschnitt Q für den jeweiligen Stoßprozess bekannt ist.

Da das Plasma in dem beschriebenen Fall LTE-bestimmt ist, lassen sich für den betrachteten Temperaturbereich bis $8000\,\mathrm{K}$ kleine bis mäßige mittlere Elektronenenergien bis $0,7\,\mathrm{eV}$ voraussetzen. In der Literatur sind für Indium lediglich differentielle Wechselwirkungsquerschnitte für hohe Energien zwischen $10\,\mathrm{eV}$ $300\,\mathrm{eV}$ verfügbar [78]. Diese liegen jedoch für die dort betrachteten niedrigsten Elektronenenergien im

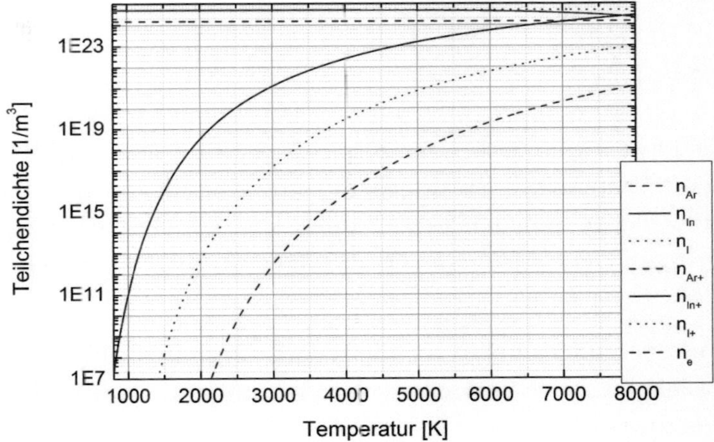

Abbildung 5.1: Teilchendichteverteilung in der mit Argon gepufferten Indiumiodidentladung nach Modell 1; Die Abbildung zeigt die Lösung der Teilchendichteverteilung in der mit Argon gepufferten Indiumiodidentladung. Zu Grunde gelegt wurde ein Argonkaltfülldruck von 60 mbar bei Raumtemperatur und eine Indiumiodid Füllungskonzentration von $4\,\mathrm{mg/cm^3}$. Erkennbar ist die starke Kopplung der Elektronendichte mit der Ionendichte des Indiums. Merkliche Verarmung der Neutralteilchenkonzentration des Indiums tritt erst ab Temperaturen von 6000 K auf.

Tabelle 5.1: Atomradien und resultierende Wechselwirkungsquerschnitte nach Modell 1

Spezies	Atomradius $r\,[10^{-12}\mathrm{m}]$	Wechselwirkungsquerschnitt $Q\,[10^{-21}\mathrm{m}^2]$
In	155	102,7
I	140	61,58
Ar	71	15,83

Größenordnungsbereich von einigen $Q_{In} \approx 10^{-21}\mathrm{m}^2$. Zur Abschätzung der Leitfähigkeit wurden die Stoßquerschnitte für den Elektron-Neutralteilchen-Stoß daher durch die Querschnittsfläche der Atome angenähert. Die zugehörigen Daten können Tabelle 5.1 entnommen werden.

Die resultierenden effektiven Stoßfrequenzen sind in Abbildung 5.2 dargestellt. Zu deren Bestimmung wurden die Stoßfrequenzen für die Stoßprozesse

$$e_{schnell} + A_i \quad \rightarrow \quad A_i + e_{langsam} \tag{5.4}$$

$$e_{schnell} + A_i^+ \quad \rightarrow \quad A_i^+ + e_{langsam} \tag{5.5}$$

mit A_i dem jeweils beteiligten Atom und A_i^+ dem jeweils beteiligten Ion, einzeln bestimmt. Die effektive Stoßfrequenz ergibt sich als Summe der einzelnen Frequenzen zu:

$$\nu_c = \sum_i \nu_{c,i} \tag{5.6}$$

Die Stoßquerschnitte der Coulomb-Stöße wurden dabei wie in Kapitel 2.2.5 beschrieben nach Formel 2.19 bestimmt. Diese sind lediglich von der Elementarladung abhängig und nicht von der Spezies des Ion. Zur Berechnung der Stoßfrequenzen der Coulomb-Stöße wurde daher die Summe der Ionendichten der verschiedenen Spezies genutzt.

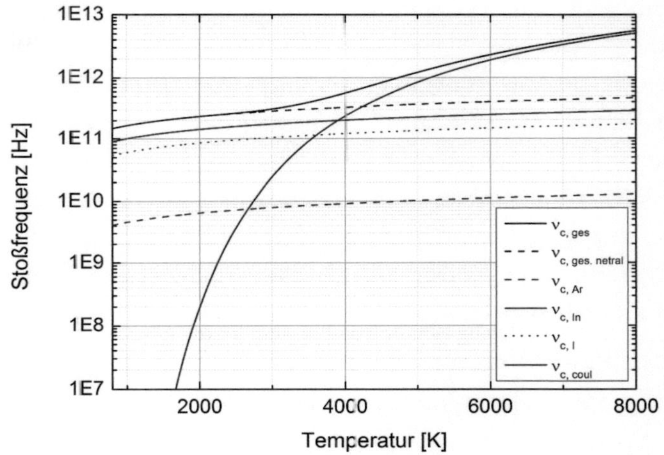

Abbildung 5.2: Zusammensetzung der effektiven Stoßfrequenz nach Modell 1; Die Abbildung zeigt das Verhalten der effektiven Elektronenstoßfrequenz. Diese ergibt sich aus der Summe der Stoßfrequenzen der Elektronen mit allen in der Entladung enthaltenen Komponenten. Zu Grunde gelegt wurde ein Argonkaltfülldruck von 60 mbar bei Raumtemperatur und eine Indiumiodid Füllungskonzentration von $4\,\text{mg}/\text{cm}^3$. In Temperaturbereichen unterhalb von etwa 4000 K ist der Einfluss der Coulomb Streuung auf die Stoßfrequenz relativ gering, wird aber bei höheren Temperaturen dominant.

Liegen die entsprechenden Stoßfrequenzen vor, so kann die komplexe Leitfähigkeit σ sowie die komplexe Permittivität ϵ des Plasmas wie in Kapitel 3.1.1 nach den Gleichungen 3.7 und 3.9 bestimmt werden.

Die berechneten Werte der komplexen Leitfähigkeit und der komplexen Permittivität sind in Abbildung 5.3 dargestellt. Erkennbar ist, wie auch in der Stoßfrequenz, der zunehmende Einfluss der Coulombstöße an den dielektrischen Konstanten. Während der Realteil der Leitfähigkeit stetig von durch Elektron-Neutralteilchen-Stößen bestimmten Werten bei niedrigen Temperaturen zu den Coulombstöße bestimmten Werten bei höheren Temperaturen übergeht, weisen die anderen Größen einen ausgeprägten, nicht stetig steigenden Übergang zwischen beiden Zuständen auf, indem die Größen zunächst mit steigender Temperatur abfallen, bis der Wechsel zwischen den beiden Zuständen komplett vollzogen ist.

Soweit sind die elektrischen Kenngrößen gegeben und können zur weiteren Betrachtung verwendet werden.

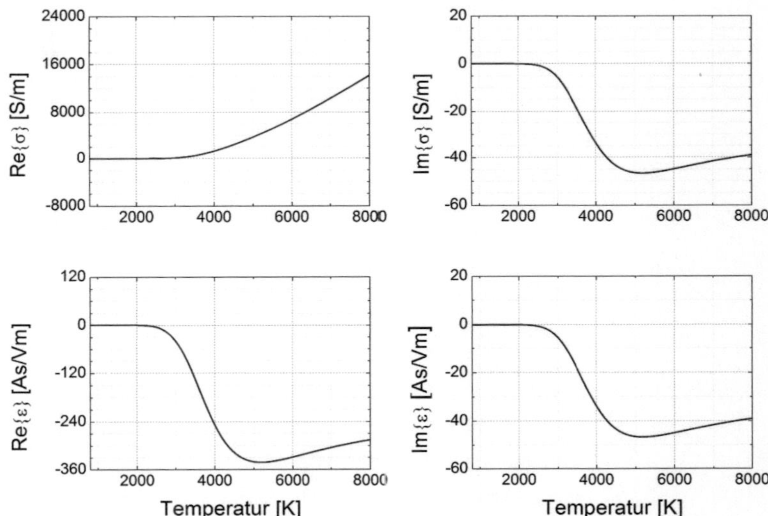

Abbildung 5.3: **Übersicht über die Temperaturabhängigkeit der komplexen Leitfähigkeit und der komplexen Permittivität;** Die Abbildung zeigt den Verlauf der Leitfähigkeit und Permittivität als Real- und Imaginärteil in Abhängigkeit der Temperatur. Die starke Änderung der Kenngrößen oberhalb von 3500 K ist bedingt durch die Zunahme des Einfluss der Coulombstöße. Zu Grunde gelegt wurde ein Argonkaltfülldruck von 60 mbar bei Raumtemperatur und eine Indiumiodid-Füllkonzentration von $4\,mg/cm^3$.

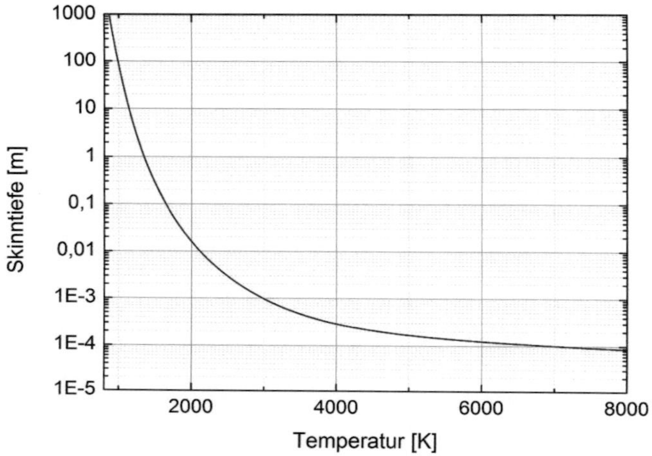

Abbildung 5.4: Skintiefe der Entladung in Abhängigkeit der Temperatur; Die Abbildung zeigt die berechneten Skintiefe eines Plasmas in Abhängigkeit von der Temperatur. Zu Grunde gelegt wurde ein Argonkaltfülldruck von 60 mbar bei Raumtemperatur und eine Indiumiodid-Füllkonzentration von 4 mg/cm^3.

5.1.4 TEMPERATURABHÄNGIGKEIT DES SKINEFFEKTS

Mit der Leitfähigkeit resultiert der Skineffekt. Dieser ist ein entscheidender Parameter bei der Auslegung von Mikrowellenlampen. Die errechneten Verlauf der Skintiefe in Abhängigkeit mit der Temperatur ist in Abbildung 5.4 dargestellt.

Die Skintiefe zeigt eine starke Temperaturabhängigkeit und erstreckt sich bei typischen Temperaturen einer mikrowellenangeregten Lampe zwischen 800 K und 8000 K über einen Größenordnungsbereich von etwa einem Kilometer bis hin zu einigen zehn Mikrometern. Die

Tiefe selbst stellt einen wesentlichen Parameter zur Auslegung von surfatronangeregten Lampen dar. Nur wenn sich diese in der Größenordnung des Lampenradius oder darunter befindet kann eine Oberflächenwelle entlang der Entladung geführt werden, da die Skintiefe die Eindringtiefe in die effektiven Randschicht zum Transport der elektrischen Leistung darstellt.

5.1.5 ZUSAMMENFASSUNG MODELL 1

In Modell 1 werden die Teilchendichten als Funktion der Temperatur, die Stoßfrequenz und die daraus resultierenden elektrischen Eigenschaften des Plasmas näherungsweise bestimmt. Die Vereinfachung der vollständigen Dissoziation der Indiumiodid-Moleküle und Näherung der Stoßquerschnitte durch die Atomquerschnitte lässt eine einfache Abschätzung der Leitfähigkeit zu, ohne dass weitere Vereinfachungen über die Wechselwirkungsquerschnitte der Moleküle getroffen werden müssen. Die Abschätzung der Größenordnung der elektrischen Parameter durch das Modell ist möglich.

Die wichtigste Erkenntnis ist die starke Temperaturabhängigkeit des Skineffekts, der die Eindringtiefe von Oberflächenwellen in eine Plasmasäule bestimmt.

Die ermitteln Größen können für weitere Analytik auf Simulationsebene genutzt werden.

5.2 MODELL 2: STRAHLUNGSENTSTEHUNG

In Modell 1 wurden die wesentlichen Größen zur Beschreibung der elektrischen Parameter für mit Argon gepufferte Indiumiodidentladungen angenähert. Ziel des zweiten Modells ist nicht die Verbesserung des ersten Modells, sondern die Untersuchung der Strahlungsentstehung. Essentieller Bestandteil der Strahlungsentstehung ist der molekulare Beitrag zur Strahlung. Aus diesem Grunde ist ein einfaches Modell unter der Annahme der kompletten Dissoziation nicht mehr haltbar, da in diesem keine Moleküle mehr enthalten sind.

Die folgenden Betrachtungen könnten analog für alle in dieser Arbeit als Leuchtgase genutzten Spezies durchgeführt werden, allerdings nimmt der Aufwand mit der Anzahl der Atome in einem Molekül stark zu. Die folgenden Betrachtungen werden daher beispielartig anhand von mit Argon gepufferten indiumiodidbasierten Entladungen durchgeführt.

5.2.1 TEILCHENDICHTEVERTEILUNG

Kern aller weiteren Betrachtungen ist eine möglichst genaue Kenntnis über die temperaturabhängige Zusammensetzung des Plasmas. Um diese zu ermitteln, wird wie für HID Lampen üblich das LTE vorausgesetzt.

Im LTE stellt sich diejenige Teilchendichteverteilung ein, die zur minimalen freien Energie (Helmholtz-Energie) F des Gesamtsystems führt. Diese ist abhängig von der Temperatur und ergibt sich zu:

$$F = -k_B T \cdot ln\, Z \qquad (5.7)$$

Denkbar für die Berechnung der Teilchendichteverteilung sind zwei Ansätze.

Der erste Ansatz beruht auf der direkten Minimierung der freien Energie auf numerischer Basis. Die exakte Vorgehensweise ist in [24] beschrieben. Der Nachteil hierbei ist jedoch, dass die Innere Energie U, die Enthalpie $H = U + pV$ die Entropie S sowie die Freie Enthalpie (Gibbs-Energie) $G = H - TS$ bekannt oder bestimmbar sein müssen. Die thermochemischen Daten zur Bestimmung der einzelnen Parameter können im Regelfall Tabellenwerken entnommen werden (z.B. [79], [80]). Die Daten von Indium sind allerdings nur bis zu Temperaturen von 2000 K tabelliert. In der Entladung sind aber Temperaturen von bis zu 8000 K zu erwarten. Daher kann dieses Verfahren nicht zur Bestimmung der Teilchendichteverteilung herangezogen werden.

Der zweite Ansatz nach [81] befasst sich mit der direkten isobaren Berechnung der Teilchendichten nach dem Massewirkungsgesetz und der Saha-Gleichung (Formel 2.27) unter der Nebenbedingung der Quasineutralität.

AUFSTELLEN DER GRUNDGLEICHUNGEN

Für den isobaren Ansatz ergibt sich das Massenwirkungsgesetz für die Reaktion eines Edukts zu zwei Produkten zu:

$$\frac{p_B^b p_C^c}{p_A^a} = \frac{Z_B Z_C}{Z_A} \left(2\pi \frac{\frac{m_E m_C}{m_A}}{h^2} \right)^{3/2} (k_B T)^{5/2} e^{-\frac{E_r}{k_B T}} \tag{5.8}$$

mit p_C, p_B, Z_C, Z_B, m_C und m_B dem Partialdruck, der Zustandssumme und der Masse der Produkte, p_A, Z_A und m_A dem Partialdruck, der Zustandssumme und der Masse des Edukts, E_r der Reaktionsenergie der entsprechenden Reaktion und a, b und c den stöchiometrischen Koeffizienten.

Für den isobaren Ansatz kann die Saha-Gleichung 2.27 mit den Teilchendichten n unter Verwendung des idealen Gasgesetzes $p = nk_BT$ umgeschrieben werden und ergibt sich zu:

$$\frac{p_{Ion}p_e}{p_{Atom}} = 2\frac{g_{Ion}}{g_{Atom}}\left(\frac{2\pi m_e}{h^2}\right)^{3/2}(k_BT)^{5/2}e^{-\frac{E_i}{k_BT}} \tag{5.9}$$

mit den jeweiligen Partialdrücken p und den Entartungen[1] g. Die Herabsetzung der effektiven Ionisationsenergie kann aufgrund der niedrigen Teilchendichten bei dem Gesamtdruck von $p = 1\,\text{bar}$ vernachlässigt werden.

BESTIMMUNG DER ZUSTANDSSUMMEN

Die Bestimmung der Zustandssummen von Atomen und Kationen erfolgt unter Berücksichtigung der Boltzmannverteilung als Summe über die mit dem Boltzmann-Faktoren gewichteten Entartungen.

$$Z_{Atom} = \sum_n g_{Atom}\, e^{-\frac{E_i}{k_BT}} \tag{5.10}$$

$$Z_{Kation} = \sum_n g_{Kation}\, e^{-\frac{E_i}{k_BT}} \tag{5.11}$$

mit der Entartung g in Abhängigkeit der Gesamtdrehimpulsquantenzahl J [35]:

$$g = (2J + 1) \tag{5.12}$$

Wie bereits im letzten Absatz vorausgesetzt, unterscheiden sich die Zustandssumme der Atome von denen der positiven Ionen im Faktor der jeweiligen Entartung.

---

[1] oft auch als statistische Gewichte oder Gewichtungsfaktoren bezeichnet

Die Zustandssumme für Anionen kann in Analogie zu der des Atoms bestimmt werden, wobei jedoch der Summenterm um die Bindungsenergie des Elektrons an das Atom erweitert werden muss. Dieser ergibt sich aus der isoelektrischen Spannungsreihe. Da die Energie generell sehr klein ist, dominiert diese die Beiträge der Ionisierungsenergien. Der Exponentialterm strebt gegen eins. Die Zustandssumme ergibt sich für die in dieser Arbeit verwendeten Anionen näherungsweise zu eins (vgl. [81]).

Die Berechnung der Zustandssummen für Moleküle wird ausführlich in [30] beschrieben und soll hier nur ansatzweise zusammengefasst werden. Diese ergibt sich aus dem Produkt der Zustandssummen der Rotation, der Schwingung und der elektronischen Anregung.

$$Z = Z_{el} \cdot Z_{schw} \cdot Z_{rot} \tag{5.13}$$

$$= \frac{8\pi I k_B T}{\sigma h^2} \cdot \alpha_1 \alpha_2 \cdot \frac{1}{1 - e^{-\frac{h\nu}{k_B T}}} \sum_{el} \rho_{el} e^{-\frac{\epsilon_{el}}{k_B T}}$$

Mit dem Trägheitsmoment I, der Symmetriezahl σ, die für zweiatomige Moleküle mit unterschiedlichen Atomen gleich 1 ist, $\sqrt{\alpha_1 \alpha_2} = (2S_1 + 1)(2S_2 + 1) = 1$ der Berücksichtigung des Elektronenspins, ρ_{el} dem statistischen Gewicht des jeweiligen elektronischen Zustands, ϵ_{el} der Energie des elektronischen Zustands und $h\nu$ der Schwingungnullpunktenergie.

Die zur Berechnung notwendigen Daten für Indiumiodid wurden [82] entnommen.

AUFSTELLEN DES GLEICHUNGSSYSTEMS

Der numerischen Berechnung wurden folgende Teilreaktionen mit den jeweiligen Reaktionsenergien aus [82] und [83] zu Grunde gelegt:

$$
\begin{aligned}
InI &\rightleftharpoons In + I & &| & E_r &= 2,70\,\text{eV} \\
In &\rightleftharpoons In^+ + e^- & &| & E_r &= 5,79\,\text{eV} \\
I &\rightleftharpoons I^+ + e^- & &| & E_r &= 10,45\,\text{eV} \\
I^- &\rightleftharpoons I + e^- & &| & E_r &= 3,29\,\text{eV} \\
Ar &\rightleftharpoons Ar^+ + e^- & &| & E_r &= 15,762\,\text{eV}
\end{aligned}
$$

Weitere Verbindungen des Indiums mit Iod wie z.B. Indium (III) Iodid (InI_3) oder weitere Stöchiometrien wurden hierbei vernachlässigt, da diese vorwiegend bei kälteren Temperaturen zu erwarten sind. Darüber hinaus wirkt die geringe Iodkonzentration der Bildung von Bindungen mit Stöchiometrien, die einen höheren Iodanteil aufweisen, entgegen. Wegen des Massenwirkungsgesetztes sind diese in Richtung des Indiumiodids verschoben.

Wird die Saha-Gleichung bzw. das Massenwirkungsgesetz für jede der fünf Reaktionsgleichung aufgestellt, ergibt sich ein Satz von fünf linearen Gleichungen. Die zugehörigen Massen der Spezien sind in Tabelle 5.2 zusammengefasst.

Mit den Randbedingungen der Quasineutralität, der Druckbilanzen für Argon und Indium und der Teilchenbilanz für Indium und Iod ergeben sich weitere vier Gleichungen:

$$
\sum q = 0 \tag{5.14}
$$

$$
\sum_{n=Ar,\,Ar^+} p_n = p_{Ar,0} \tag{5.15}
$$

$$
\sum_{n=InI,\,In,\,I,\,In^+} p_n = p_{InI,0} \tag{5.16}
$$

$$
\sum_{n=In,\,In^+} p_n = \sum_{n=I,\,I^+,\,I^-} p_n \tag{5.17}
$$

Als Partialdruck für Argon wurde ein Kaltfülldruck von $p_{Ar,0,kalt} = 60\,\text{mbar}$ bei Raumtemperatur angenommen. Der Indiumdruck ist im

Tabelle 5.2: Massen der an Modell 2 beteiligten Spezien

Name	Summenformel	Masse in u
Indiumiodid	InI	$241,72$
Indium	In	$114,82$
Indiumkation	In^+	$114,82$
Iod	I	$126,9$
Iodkation	I^+	$126,9$
Iodanion	I^-	$126,9$
Argon	Ar	$39,948$
Argonkation	Ar^+	$39,948$
Elektron	e^-	$5,4858 \cdot 10^{-4}$

Wesentlichen abhängig von der Coldspot-Temperatur der Lampe und der in die Lampe gefüllten Menge Indiumiodid. Für Temperaturen um die $T = 800°C$ kann der Lampendruck einer mit $4\,\mathrm{mg/cm^3}$ Indiumiodid gefüllten Lampe, die sich damit gerade oberhalb der Grenze zum ungesättigten Betrieb befindet, zu etwa $p_{Lampe} = p_{InI,0} + p_{Ar,0} = 1\mathrm{bar}$ angenommen werden (vgl. Abbildung 4.3).

Im vorliegenden Fall wurde das Gleichungssystem mit dem Newton-Raphson-Verfahren gelöst. Die resultierenden temperaturabhängigen Teilchendichten sind in Abbildung 5.5 dargestellt. Verglichen mit den Werten aus Modell 1 (vergleiche Abbildung 5.1) ist ein deutlicher Unterschied erkennbar. So ist die Elektronendichte in Modell 1 über-interpretiert, was allerdings wegen der Annahme der vollständigen Dissoziation nicht weiter verwundert. Im Übrigen zeigen beide Modelle vergleichbares Verhalten der Teilchendichten mit der Temperatur. Zur Bestimmung von Teilchendichtengrößenordnungen ist daher das Modell 1 geeignet. Die exakter bestimmte Zusammensetzung des Plasmas, wie sie zur Untersuchung der Strahlungsentstehung genutzt werden muss, ist hingegen dem zweiten Modell zu entnehmen. Die Berechnung der Leitfähigkeiten nach Modell 2 kann nicht in einfa-

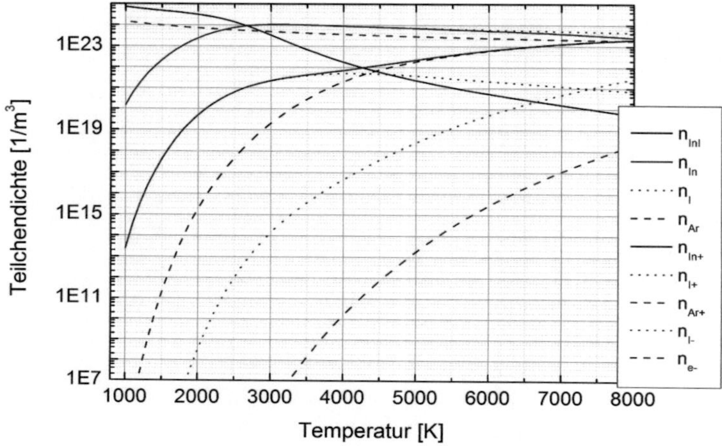

Abbildung 5.5: Teilchendichteverteilung in der mit Argon gepufferten Indiumiodidentladung nach Modell 2; Die Abbildung zeigt die Teilchendichteverteilungen für die an der mit Argon gepufferten Indiumiodidentladung beteiligten Komponenten in Abhängigkeit der Temperatur.

cher Weise durchgeführt werden, da hierzu weitere Materialdaten wie der Wechselwirkungsquerschnitt der Moleküle und derjenige der Iodanionen bekannt sein müssten.

5.2.2 STRAHLUNGSENTSTEHUNG

In Kapitel 2.3 wurden bereits die verschiedenen Mechanismen der Strahlungsentstehung beschrieben. Die Strahlungsentstehung, die in diesem Modell behandelt wird, baut im Wesentlichen auf der druckverbreiterten Linienemission (Kapitel 2.3.1 und 2.3.2), der molekularen quasikontinuierlichen Viellinienstrahlung (Kap. 2.3.5) und den Zusammenhängen von Absorption und Emission (Kapitel 2.3.6) auf.

Ziel dabei ist die Bestimmung der temperaturabhängigen Emissionskoeffizienten. Mit der bekannten experimentell ermittelten Temperaturverteilung innerhalb der Entladung kann die Temperaturabhängigkeit des Emissionskoeffizienten in eine örtliche Abhängigkeit konvertiert werden. Mit der örtlichen Abhängigkeit kann die Strahlungstransportgleichung gelöst werden.

Möglich hierbei ist die getrennte Berechnung der wellenlängenabhängigen Emissionskoeffizienten für die Beiträge der Linienstrahlung $\epsilon_{\lambda,l}$ und der Molekülstrahlung $\epsilon_{\lambda,m}$. Der Gesamtemissionkoeffizient ϵ_λ kann als Summe der Einzelanteile gebildet werden.

Als Grundannahme wird wie auch in den vorangegangenen Kapiteln das lokale thermische Gleichgewicht vorausgesetzt. Die Absorptionskoeffizienten α_λ ergeben sich mit bekannter Temperatur aus den Emissionskoeffizienten über den Kirchhoffschen Satz (Formel 2.41)

LINIENSTRAHLUNG

Die temperaturabhängigen Emissionskoeffizienten für die Linienstrahlung $\epsilon_{\lambda,l}$ lassen sich nach Formel 2.28 berechnen.

Da die Modellbildung lediglich für die ungepufferte Indiumiodidentladung mit Argon als Startgas durchgeführt werden soll, können die

Tabelle 5.3: Parameter zur Berechnung der Linienemission in Modell 2

λ [nm]	A_{ki} [s^{-1}]	E_i [eV]	E_k [eV]	g_i	g_k
256.015	2.00E+07	0	4.841	2	4
271.0265	2.70E+07	0.274	4.847	4	6
275.3878	1.30E+07	0	4.500	2	2
293.263	2.30E+07	0.274	4.500	4	2
303.9346	1.11E+08	0	4.078	2	4
325.6079	1.30E+08	0.274	4.081	4	6
325.8551	3.00E+07	0.274	4.078	4	4
410.1745	5.00E+07	0	3.021	2	2
451.1299	8.90E+07	0.274	3.021	4	2

zu verwendenden Linien direkt aus dem Experiment heraus bestimmt werden. Wie aus Abbildung 8.5 ersichtlich, ist der Linienstrahlungsanteil lediglich durch atomares Indium bestimmt. Bestandteile der Entladung wie etwa das Iod können für den Linienemissionsvorgang daher vernachlässigt werden. Die Berechnungen beschränken sich daher lediglich auf das Indiumatom.

Zur Berechnung wurden die ausgeprägtesten Linien des Indiums im sichtbaren und ultravioletten Spektralbereich verwendet. Die zur Berechnung notwendigen Daten wurden [69] und [79] entnommen[2]. Diese sind in Tabelle 5.3 zusammengefasst. Wobei λ die jeweilige Wellenlänge des Übergangs, A_{ki} der Einsteinkoeffizient des Übergangs, E_k bzw. E_i die Energie des oberen bzw. des unteren Zustands und g_k bzw. g_i die Entartungen des oberen bzw. des unteren Zustands ist. Als Halbwertsbreite wurde $\Delta\lambda_{HWHM} = 5\,\mathrm{nm}$ für alle Linien gewählt, wie es für die messtechnisch bestimmten Spektren in etwa zutrifft.

---

[2]letzter geprüfter Stand, Ende November 2012

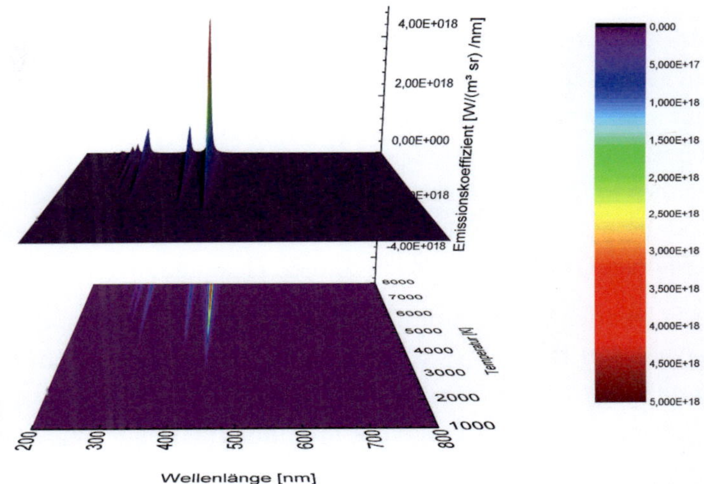

Abbildung 5.6: Abhängigkeit des Emissionskoeffizienten für Linienstrahlung von der Temperatur und der Wellenlänge; Die Abbildung stellt die Abhängigkeit der Emissionskoeffizienten für Linienemission $\epsilon_{\lambda,a}(T)$ von der Wellenlänge und er Temperatur dar. Erkennbar ist eine starke Zunahme des Emissionskoeffizienten ab Temperaturen von etwa $T = 4000\,\mathrm{K}$.

Mit der temperaturabhängigen Teilchendichte des Indiums (siehe Abbildung 5.5) stehen demzufolge alle Parameter zur Verfügung, um die temperaturabhängige Emission der Linienstrahlung zu berechnen.

Die Abhängigkeit des Emissionskoeffizienten $\epsilon_{\lambda,a}$ von der Temperatur und der Wellenlänge ist in Abbildung 5.6 dargestellt. Ein starker Anstieg der Emissionskoeffizienten in den Bereichen der Linienemission ab Temperaturen von etwa $T = 3000\,\mathrm{K}$ ist erkennbar.

MOLEKÜLSTRAHLUNG

Zur Bestimmung der molekülbedingten Emissionskoeffizienten wurden im wesentlichen modellbildende Arbeiten zur Erklärung des Spektrums einer Schwefellampe (vgl. Abbildung 3.1) herangezogen. Die Theorie zur Strahlungsentstehung der Schwefellampe wurde hauptsächlich in [12] entwickelt und in [84] und [85] für selbstkonsistente Modelle vereinfacht. Hierbei wird das Schwefelspektrum hinsichtlich der hohen Liniendichte als kontinuierlich angenommen.

Im Folgenden wird gezeigt, wie auch das Indiumiodidspektrum aus den Potentialkurven des Indiumiodids heraus als kontinuierliche Funktion angenähert werden kann. Hierzu soll zunächst näher auf die elektronische Konfiguration des Indiumiodids eingegangen werden.

Das Potentialdiagramm des Indiumiodids weist vier elektronische Anregungsstufen auf. Hierbei stellt der $^1\Sigma^+$ Zustand den Grundzustand des Moleküls dar. Der erste und zweite angeregte Zustand $^3\Pi_{o^+}$ und $^3\Pi_1$ ist dabei ein bindender Zustand, wohingegen der dritte angeregte Zustand $^1\Pi_1$ dissoziativ ist [86], [87], [87] und [88].

Der strahlende Übergang zwischen dem dissoziativen Zustand $^1\Pi_1$ in den Grundzustand $^1\Sigma^+$ ist nach den Auswahlkriterien verboten und lediglich in Absorption beobachtbar [82]. Daher soll er im Weiteren vernachlässigt werden.

An der Strahlungsentstehung sind lediglich der erste und zweite angeregte Zustand beteiligt. Die Potentialkurven aller Zustände sind in [86] messtechnisch bestimmt und als Rydberg, Klein und Rees Potentiale (RKR Potenziale) dargestellt. Zur Vereinfachung der Rechnung wurden die Potentialkurve als Morsepotentiale angenähert. Die Annäherung über Morsepotentiale ist in Abbildung 5.7 dargestellt. Die Bestimmung der wellenlängenabhängigen Emissionskoeffizienten für die molekülbedingte Strahlung $\epsilon_{\lambda,m}$ geschieht auch in diesem Fall über

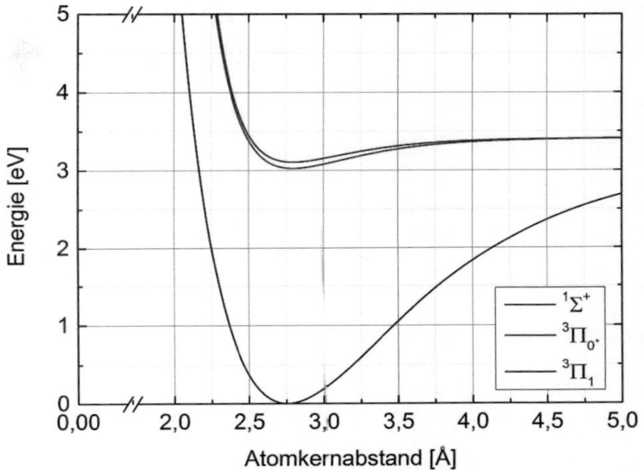

Abbildung 5.7: Potentialkurven des Grundzustands und der ersten beiden angeregten Zustände des Indiumiodids; Die Abbildung zeigt die über Morsepotentiale angenäherten Potentialkurven des Indiumioidids für den Grundzustand sowie den ersten und zweiten angeregten Zustand.

Gleichung 2.28. Die Potentialkurven bestimmen dabei das Linienprofil Φ. Da die Vereinfachungen in [84] und [85] nicht nachvollzogen werden konnten, wurde auf das ausführlichere Ursprungswerk [12] zurückgegriffen. Danach folgt das Linienprofil Φ aus der semiklassischen quantenmechanischen Betrachtung unter Berücksichtigung des Franck Condon Prinzips und ergibt sich zu:

$$\Phi(v) = \frac{\sigma_{sym}}{Z} \cdot \Gamma\left(\frac{3}{2}, \frac{D(r)}{k_B T}\right) \cdot \left(\frac{2\pi\mu k_B T}{h^2}\right)^{3/2}$$
$$\cdot 4\pi r^2 \, exp\left(\frac{-V'(r)}{k_B T}\right) \cdot \left|\frac{dv(r)}{dr}\right|^{-1} \tag{5.18}$$

mit σ_{sym} dem Symmetriefaktor, $V(r)$ der potentiellen Energie[3], $D(r) = V(\infty) - V(r)$ dem Energieabstand zur Dissoziationsenergie, μ der effektiven Masse und der Gammafunktion $\Gamma\left(\frac{3}{2}, \frac{D(r)}{k_B T}\right)$.

Zum Lösen der Gleichung können folgende Vereinfachungen und Annahmen gemacht werden:

Der Symmetriefaktor σ_{sym} ergibt sich für homonukleare Moleküle zu $\sigma_{sym} = 1/2$ und für heteronukleare Moleküle zu $\sigma_{sym} = 1$ (vgl. Formel 5.11).

Die effektive Masse des Moleküls μ ergibt sich zu:

$$\mu = \frac{m_{In} m_I}{m_{In} + m_I} \tag{5.19}$$

Die Gammafunktion ist für kleine mittlere Molekülauslenkung bei Temperaturen bis $T = 8000\,\text{K}$ näherungsweise gleich 1.

Mit der Frequenz $\nu = c/\lambda$ ergibt sich die Grundgleichung 2.28 durch Einsetzen von Gleichung 5.18 und unter Berücksichtigung der Boltzmann Verteilung (Gleichung 2.1) zu:

$$\epsilon_{\lambda,m}(r) = \frac{c_0 h}{4\pi\lambda(r)} \cdot n'' \frac{g'}{g''} \frac{1}{Z''} \tag{5.20}$$

$$\cdot\, e^{-\frac{hc_0/\lambda(r)}{k_B T}} \cdot A_{ik} \cdot \left(\frac{2\pi\mu k_B T}{h^2}\right)^{3/2}$$

$$\cdot\, 4\pi r^2\, exp\left(-\frac{V'(r)}{k_B T}\right) \cdot \left|\frac{d\frac{c_0}{\lambda(r)}}{dr}\right|^{-1}$$

Der Einsteinkoeffizient A_{ik} kann abhängig vom Radius über das jeweilige Dipolmoment $M(r) = 0,6\, q_0\, r$ angenähert werden und ergibt sich zu:

---

[3]Der eingestrichene Wert ′ soll im Folgenden jeweils den angeregten Zustand darstellen, wobei der Grundzustand zweigestrichen ″ gekennzeichnet wird.

$$A_{ik} = \frac{16\pi^3}{3\epsilon_0 \hbar \lambda(r)^3} \, |M(r)|^2 \qquad (5.21)$$

Die Teilchendichte der angeregten Zustände n' wurde dabei über die Boltzmann-Verteilung (Gleichung 2.1) aus der temperaturabhängigen Teilchendichte $n''(T) = n_{InI}(T)$ des Indiumiodid-Grundzustands bestimmt (vgl. 5.2.1). Dabei wurde vorausgesetzt, das $n' << n''$ ist.

Die beschriebenen Formeln sind dabei durchweg in der Abhängigkeit des Kernabstands r ausgedrückt. So wird auch die emittierte Wellenlänge $\lambda(r)$ in Abhängigkeit des Radius gesetzt. Sinnvollerweise wird zur Berechnung die Wellenlänge λ als unabhängiger Parameter vorgegeben. Die Atomkernabstandsabhängigkeit der Wellenlänge $r \mapsto \lambda(r)$ wird dabei in die Umkehrfunktion $\lambda \mapsto r(\lambda)$ überführt. Die Zuordnung der Wellenlänge bei den jeweiligen Atomkernabständen ist in Abbildung 5.8 (o.) für den Übergang $^3\Pi_{0+} \to {}^1\Sigma^+$ und in Abbildung 5.8 (u.) für den Übergang $^3\Pi_1 \to {}^1\Sigma^+$ dargestellt. Hierbei ist die Wellenlänge keine monoton steigende Funktion des Atomkernabstands. Die eindeutige Umkehrfunktion kann daher nur in Intervallbereichen gebildet werden. Da im Wesentlichen der sichtbare Spektralbereich untersucht werden soll, müssen die Intervalle einzeln behandelt werden. So können die wellenlängenabhängigen Emissionskoeffizienten $\epsilon_{\lambda,k}$ der Intervallbereiche k nach Gleichung 5.20 berechnet werden. Der gesamte Emissionskoeffizient der Moleküle ergibt sich zu der Summe der einzelnen Beiträge der Intervalle.

$$\epsilon_{\lambda,m} = \sum_k \epsilon_{\lambda,k} \qquad (5.22)$$

Die errechneten Emissionskoeffizienten im Wellenlängenbereich von $\lambda = 200\,\text{nm}$ bis $\lambda = 800\,\text{nm}$ sind in Abbildung 5.9 dargestellt. Erkennbar ist ein starker Anstieg der Emissionskoeffizienten ab etwa $T = 2000\,\text{K}$. Neben den stark ausgeprägten direkten Übergängen bei den Ruheabständen des Moleküls ist ein nicht unwesentlicher

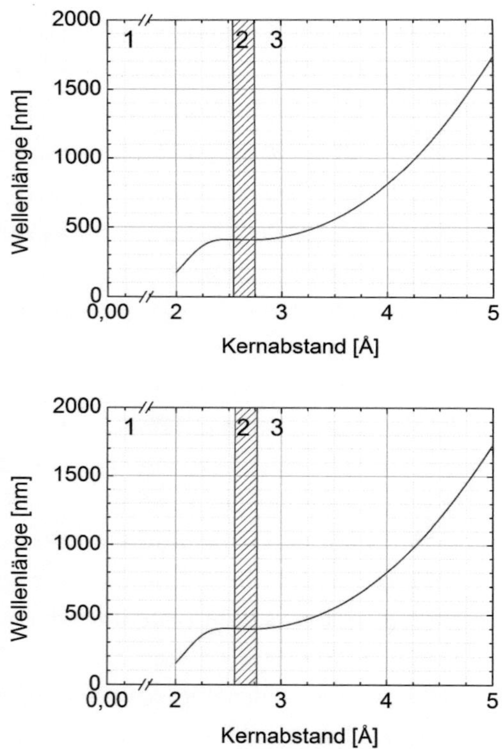

Abbildung 5.8: Wellenlängenabhängigkeit vom Atomkernabstand des Indiumiodidmoleküls für die verwendeten Übergänge; Die Abbildung zeigt die Abhängigkeit der ausgesandten Wellenlängen beim Übergang $^3\Pi_{0^+} \to \,^1\Sigma^+$ (o.) und $^3\Pi_1 \to \,^1\Sigma^+$ (u.). Die eindeutige Zuordnung $\lambda \mapsto r(\lambda)$ ist dabei nur innerhalb der Intervallen 1,2 und 3 möglich und kann nicht über deren Grenzen hinaus geschlossen durchgeführt werden.

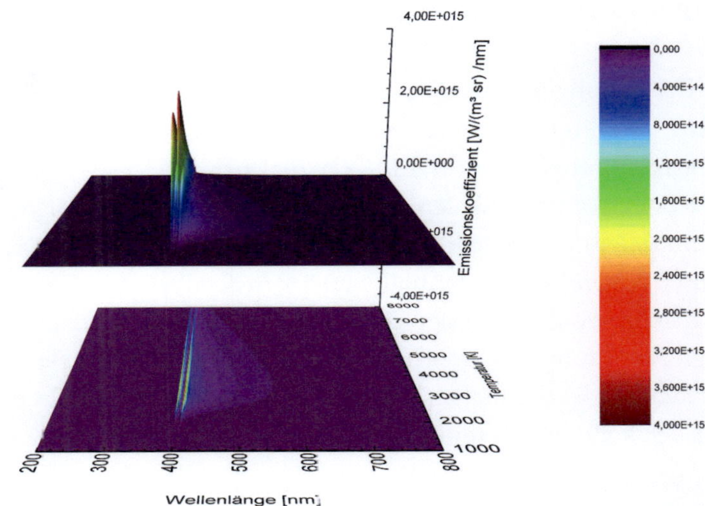

Abbildung 5.9: **Errechnete molekulare wellenlängenabhängige Emissionskoeffizienten des Indiumiodids in Abhängigkeit von der Temperatur;** Die Abbildung zeigt die errechneten wellenlängenabhängigen Emissionskoeffizienten des Indiumiodidmoleküls in Abhängigkeit der Temperatur. Der Rechnung zu Grunde gelegt wurden die errechneten Teilchendichten für einen Lampendruck von $p_{lampe} = 1\,\mathrm{bar}$.

kontinuierlicher Anteil für Wellenlängen größer als $\lambda = 400\,\mathrm{nm}$ ersichtlich. Oberhalb der Temperaturen von etwa $T = 4000\,\mathrm{K}$ flacht die molekülbedingte Emission aufgrund der Moleküldissoziation wieder ab.

KOMBINATION VON LINIENSTRAHLUNG UND MOLEKÜLSTRAHLUNG

In den vorangegangenen Abschnitten wurde die Strahlungsentstehung aufgrund von atomarer Linienstrahlung und molekülbedingter quasikontinuierlicher Strahlung berücksichtigt. Idealerweise ergibt sich der gesamte wellenlängenabhängige Emissionskoeffizient aus der Summe der Einzelanteile. Im Vergleich sind die Emissionskoeffizienten der Linienemission (vgl. Abbildung 5.6) in den Emissionslinien wesentlich höher als die Emissionskoeffizienten der molekularen Emission (vgl. Abbildung 5.9). Dies führt automatisch zu einer starken Überinterpretation der Linienstrahlung, die im Experiment nicht bestätigt werden kann (vgl. Kapitel 9.3).

Um die Abweichung zwischen Experiment und Theorie zu identifizieren, wurde eine Zwei-Parameter-Näherung für die Kombination aus Linien- und Molekülemission gewählt. Die temperatur- und wellenlängenabhängigen Emissionskoeffizienten des Plasmas ergeben sich dabei zu

$$\epsilon_\lambda(T) = \zeta_m \cdot \epsilon_{\lambda,m}(T) + \zeta_a \cdot \epsilon_{\lambda,a}(T) \tag{5.23}$$

wobei die Parameter ζ_a und ζ_m Anpassfaktoren sind, um die Größe der Linienemissionskoeffizienten bzw. der Molekülemissionskoeffizienten aus den experimentell ermittelten Werten zu bestimmen. Die Emissionskoeffizienten werden dabei lediglich in der Signalhöhe verändert, ohne jedoch die relativen Abhängigkeiten von der Wellenlänge und der Temperatur zu beeinflussen.

Wie in Kapitel 9.3 gezeigt werden wird, ist eine gute Übereinstimmung der experimentellen Ergebnisse mit den theoretische berechneten Werten erzielbar, wenn die Parameter ζ_a und ζ_m zu

$$\zeta_a = 13,34 \cdot 10^{-6} \tag{5.24}$$

$$\zeta_m = 2,51 \cdot 10^{-2} \tag{5.25}$$

bestimmt werden.

In Abbildung 5.10 sind die über die Zwei-Parameter-Näherung bestimmten wellenlängenabhängigen Emissionskoeffizienten (o.) sowie die über den Kirchhoffschen Satz resultierenden Absorptionskoeffizienten (u.) über der Temperatur aufgetragen. Werden diese betrachtet, so ist erkennbar, dass die Absorptionskoeffizienten bei Temperaturen unterhalb etwa $T = 3000\,\mathrm{K}$ für Wellenlängen unterhalb von $\lambda = 280\,\mathrm{nm}$, bzw. in dem Bereich von $\lambda = 400\,\mathrm{nm}$ bis $\lambda = 450\,\mathrm{nm}$ hoch sind, wobei die Emissionskoeffizienten erst ab $T = 2000\,\mathrm{K}$ nennenswert ansteigen.

Die detaillierte Gegenüberstellung der Daten mit den experimentellen Werten ist Kapitel 9.3 zu entnehmen.

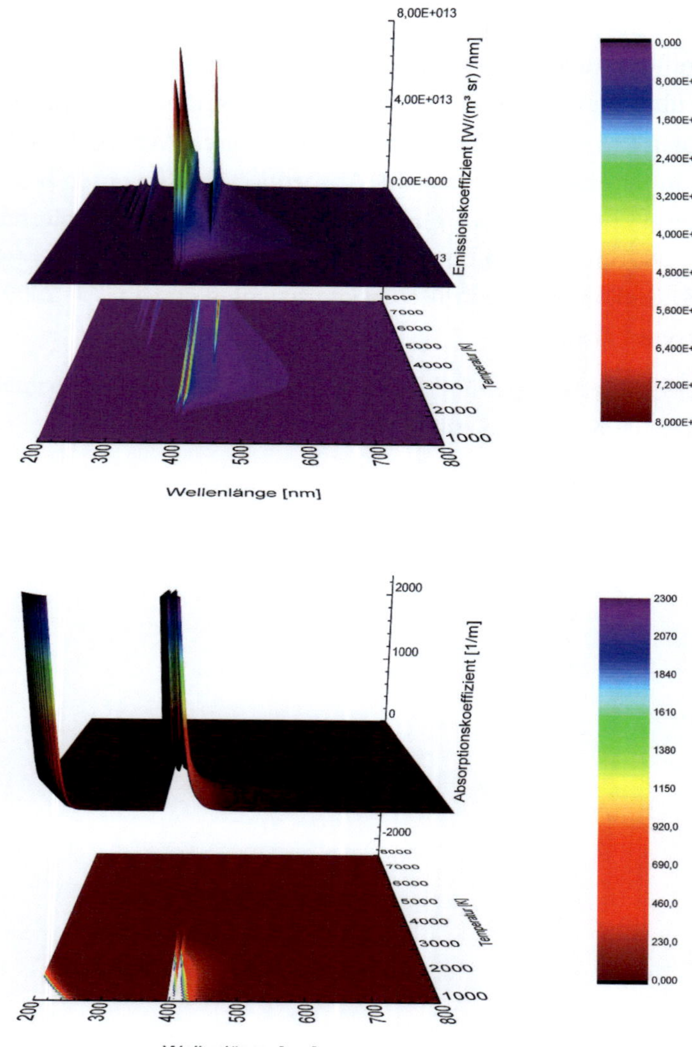

Abbildung 5.10: Gegenüberstellung der Emissions- (o.) und Absorptionskoeffizienten (u.) aus der Zwei-Parameter-Näherung zur Kombination der Linien- und Molekülemission.

5.3 ZUSAMMENFASSUNG KAPITEL 5

Zur Beschreibung indiumiodidhaltiger Lampen wurden zwei Modelle aufgestellt. Durch das Modell 1 können die elektrischen Eigenschaften der Indiumiodidentladung bei verschiedenen Temperaturen ermittelt werden. In Modell 2 stehen dabei die Prozesse der Strahlungsentstehung in der Lampe im Vordergrund.

Zur Bestimmung der elektrischen Eigenschaften wurde ein Modell aufgestellt, das von der vollständigen Dissoziation des Indiumiodids ausgeht. Für ein homogen temperiertes Medium wurden die elektrischen Parameter durch die Stoßprozesse des Elektron-Neutralteilchen Stoßes und des Elektron-Ion Stoßes beschrieben. Abschließend wurden die aus den elektrischen Eigenschaften resultierenden Skintiefen ermittelt. Für die Indiumiodidentladung liegen diese für mäßige Temperaturen bereits in der Größenordnung des Radius der in den Experimenten verwendeten Lampen (siehe Kapitel 6.2). Die Ausbildung von Oberflächenwellen wird somit ermöglicht.

Im zweiten Modell wurden die Emissions- und Absorptionskoeffizienten der Indiumiodidentladung modelliert. Hierzu wurde das vollständige Gleichungssystem der Massenwirkungsgesetze für die beteiligten Reaktionen sowie die Sahagleichungen für die Ionisation der Plasmakomponenten für isobare Plasmen gelöst, um die temperaturabhängigen Teilchendichteverteilungen aller Komponenten des Plasmas zu bestimmen. In einem zweiten Schritt konnte dann die Linienemission des reinen Indiums als auch die Molekülemission des Indiumiodids aus den elektronischen Atom- und Molekülzuständen in Abhängigkeit von der Temperatur bestimmt werden.

Mit bekannter Temperaturverteilung kann somit die örtliche Verteilung der Emissionskoeffizienten und Absorptionskoeffizienten bestimmt werden. Durch die Lösung der Strahlungstransportgleichung

lassen sich die theoretischen Werte den experimentell gewonnenen ge-
genüberstellen. Für die in Kapitel 9 durchgeführte Gegenüberstellung
der theoretischen Werte wurde eine Zwei-Parameter-Näherung der
Summenemissionskoeffizienten eingeführt.

KAPITEL 6

LABORAUFBAUTEN UND EXPERIMENTE

Im Laufe der experimentellen Arbeiten zu mikrowellenangeregten Hochdruckgasentladungslampen mussten die zu untersuchenden Lampen hergestellt, als auch die optischen und elektrischen Aufbauten entworfen und durchgeführt werden.

Gerade bei den verwendeten Lampen und der Leistungseinkopplung in diese konnte nicht auf kommerzielle Produkte zurückgegriffen werden. Demnach mussten die Herstellungsprozesse der Lampen und die Strukturen zur Einspeisung der Mikrowellen in die Lampe zunächst entwickelt werden.

Darüber hinaus mussten die notwendigen Laboraufbauten zur Leistungsbestimmung der Mikrowelle als auch diejenigen zur optischen Charakterisierung realisiert werden. Die verwendeten Aufbauten sowie Verfahren zur Lampenherstellung sind im Folgenden beschrieben.

6.1 LEISTUNGSEINKOPPLUNG

Unterschiedliche Methoden zur Leistungseinkopplung wurden bereits in Kapitel 3.2 diskutiert. Die Einkopplung mittels Antennenanregung hat sich hierbei als nachteilig erwiesen (vgl. Kapitel 7). Für die Untersuchung verschiedener Entladungskonfigurationen wurde daher die Anregung über Oberflächenwellen gewählt. Die Leistungsübertragung der Mikrowelle in das Plasma wurde mittels eines Surfatrons realisiert. Die Grundlagen hierzu sind in Kapitel 3.2.4 beschrieben. An dieser Stelle sollen die Anforderungen an das verwendete Surfatron, dessen Aufbau, sowie dessen Funktionsweise beschrieben werden.

6.1.1 ANFORDERUNGEN AN DAS SURFATRON UND DIE VERWENDETEN LAMPEN

Die Anforderungen an das verwendete Surfatron und die zugehörigen Lampen lassen sich in zwei Bereiche unterteilen. Den Bereich der Optik und den Bereich der Leistungsversorgung. Die Mikrowelle muss zum Betrieb möglichst leistungsangepasst in die Entladung übertragen werden und darf von dieser nicht abgestrahlt werden. Weiterhin darf die Struktur zur Leistungsübertragung nur möglichst wenig Licht der Entladung verschatten, um die Effizienz des Systems nicht zu beeinträchtigen. Speziell für den Laborbetrieb ist es darüber hinaus notwendig, einen möglichst einfachen messtechnischen Zugang zur Entladung zu haben.

Präziser formuliert lassen sich die Anforderungen und Limitierungen in folgenden Punkten zusammenfassen:

Optische Anforderungen

- Um einen einfachen analytischen Zugang zu der Entladung zu erhalten, muss auf zusätzliche Abschirmungen der Mikrowelle um den Entladungsraum herum verzichtet werden, da diese gleichzeitig die austretende optische Strahlung vermindern würde.

- Da das Entladungsgefäß naturgemäß teilweise im Surfatron versenkt werden muss, muss dieser Bereich so kurz wie möglich gestaltet werden, um die Abschattung der Strahlung, die im Inneren der Surfatronstruktur entsteht, zu minimieren.

- Der Anteil des Entladungsraumes, der sich außerhalb des Surfatrons befindet, muss möglichst groß sein, um möglichst viel Licht außerhalb der Struktur selbst zu erzeugen.

Anforderungen der Mikrowelle

- Um eine Leistungsübertragung für verschiedene Entladungskonfigurationen und somit für unterschiedliche dielektrische Eigenschaften der Plasmen zu gewährleisten, ist die Möglichkeit einer einfachen Feinabstimmung der Leistungsanpassung vorteilhaft.

- Die Feinabstimmung der Leistungsanpassung soll nicht durch einen Frequenzsweep geschehen, um den Betrieb zwischen $2,4\,\mathrm{GHz}$ und $2,5\,\mathrm{GHz}$ im ISM Band in jedem Fall gewährleisten zu können.

- Idealerweise soll der Betrieb immer mit einer festen Frequenz von $2,45\,\mathrm{GHz}$ möglich sein.

- Da keine äußeren Abschirmungen um die Struktur herum gewünscht sind, muss die Abstrahlung durch die Struktur und die Länge des Entladungsgefäßes selbst unterdrückt werden.

- Um einen robusten und einfachen Aufbau zu gewährleisten soll, so weit möglich, auf bewegliche Teile verzichtet werden.

Die Realisierung dieser Punkte soll im Folgenden beschrieben werden.

6.1.2 DESIGN DES VERWENDETEN SURFATRONS UND DARAUS FOLGENDE LIMITIERUNGEN DER LAMPENGEOMETRIE

In Abbildung 6.1 ist das verwendete Surfatron und Lampendesign als Schnittdarstellung dargestellt. Die komplette Struktur wurde aus Kupfer gefertigt. Die Entladungsgefäße wurden aus Quarzglas hergestellt Die koaxiale Zuleitung der Mikrowelle wurde als 100 Ω Leitung in nicht transformierender Länge ausgelegt. Die Durchführung der Lampe wurde auf einen Radius $R = 3,5\,\text{mm}$ ausgelegt, was einen Betrieb von Lampen mit Entladungsgefäßen mit einem Radius von maximal $R = 3\,\text{mm}$ ermöglicht. Der Spalt von $d = 0,5\,\text{mm}$ zwischen Entladungsgefäß und dem Metall des Surfatrons ist notwendig, um die Kühlung durch Wärmeleitung an den Kontaktstellen zwischen dem Entladungsgefäß und dem Metall des Surfatrons zu unterbinden. Der Innen- und Außenleiter des Surfatrons bilden ebenfalls ein 75 Ω System, das mittig von dem Koppelkondensator mit Mikrowellen gespeist wird.

Der Koppelkondensator ist als $90°$ Ringsegment mit einer Länge von $l = 10\,\text{mm}$ ausgeführt. Der Abstand zwischen dem Innenleiter und dem Kondensator beträgt dabei $d = 2\,\text{mm}$.

Der Kurzschluss an der Rückseite des Surfatrons ist zugunsten einer kleineren Bauform nicht als Kurzschlussschieber ausgelegt. Die Gesamtlänge der inneren Surfatronstruktur beträgt etwa $1/8\,\lambda$ (18 mm) der verwendeten Mikrowellenwellenlänge. Der Innenleiter ist in variabler Länge ausgeführt, wurde jedoch bei allen durchgeführten Messungen auf einen Koppelspalt mit der Breite von etwa $b = 2\,\text{mm}$ eingestellt. Die variable Leitung wurde lediglich genutzt, um bei dem Starten der Lampe übergangsweise Leistungsanpassung zu erzielen, damit die Materialien im Inneren der Lampe verdampfen. Nach dem Hochlauf der Lampen war dies nicht mehr notwendig.

Abbildung 6.1: Schnittdarstellung des verwendeten Surfatronde-
signs; Die Abbildung zeigt eine Schnittdarstellung
der Konstruktionsdatei des verwendeten Surfatrons.
Erkennbar ist der innere Aufbau der Struktur in Analogie zu Kapitel 3.2.4. Darüber hinaus ist die Position
und Form der verwendeten Lampen erkennbar.

Als erste Überprüfung der Annahmen wurde eine RF-Simulation mittels Comsol Multiphysics V3.5 durchgeführt. Das Ergebnis ist in Abbildung 6.2 dargestellt. Wie in Kapitel 3.1.1 beschrieben, geschieht der Leistungstransfer der Mikrowellen in stoßbestimmte Entladungen nahezu ausschließlich über die elektrische Feldkomponente. Darüber hinaus basiert das Aufprägen der Oberflächenwelle ebenfalls auf der elektrischen Feldkomponente. Aus der Abbildung wird ersichtlich, dass ihre Erhöhung mit dem verwendeten Surfatrondesign nicht nur möglich, sondern auch sehr stark ist. So ergeben sich im Leerlauf in der Region der Entladung E-Feldbeträge von bis zu $|E|/P_{in} = 40\,\mathrm{kV/m/W}$ bezogen auf die eingespeiste Leistung.

Für die Lampenstruktur erfolgen durch die verwendete Surfatronstruktur einige Limitierungen. Da möglichst wenig des entstehenden Lichts von dem Surfatron selbst abgeschattet werden soll, wird die Lampe nicht wie in Kapitel 3.2.4 beschrieben durch das Surfatron selbst durchgeführt, sondern lediglich mit einem Ende in diesem versenkt. Dadurch ergibt sich der weitere Freiheitsgrad der Lampenposition. Wie bereits beschrieben, wird auf die Entladung eine hin- und eine rücklaufende Oberflächenwelle aufgeprägt. Diese kann am Ende der Plasmasäule reflektiert werden. Dies entspricht einer Reflexion an einem Leitungsende im Leerlauf. Wird das Ende der Plasmasäule direkt in die Koppelstelle gelegt, wird die rücklaufende Welle reflektiert und überlagert sich positiv mit der aus der Struktur hinauslaufenden Welle (vergleiche Abbildung 6.3). Mehrfachreflexionen, die sich in stehenden Wellen äußern, wurden aufgrund der hohen Leistungsabsorption der Entladung bis hin zum hinteren Ende der Plasmasäule nicht beobachtet, sollen jedoch nicht prinzipiell ausgeschlossen werden. Diese Herangehensweise löst zwei Probleme. Die Position des versenkten Endes kann als aktiver Parameter zur Feinabstimmung der Leistungsanpassung genutzt werden und der verschattete Bereich wird erheblich minimiert.

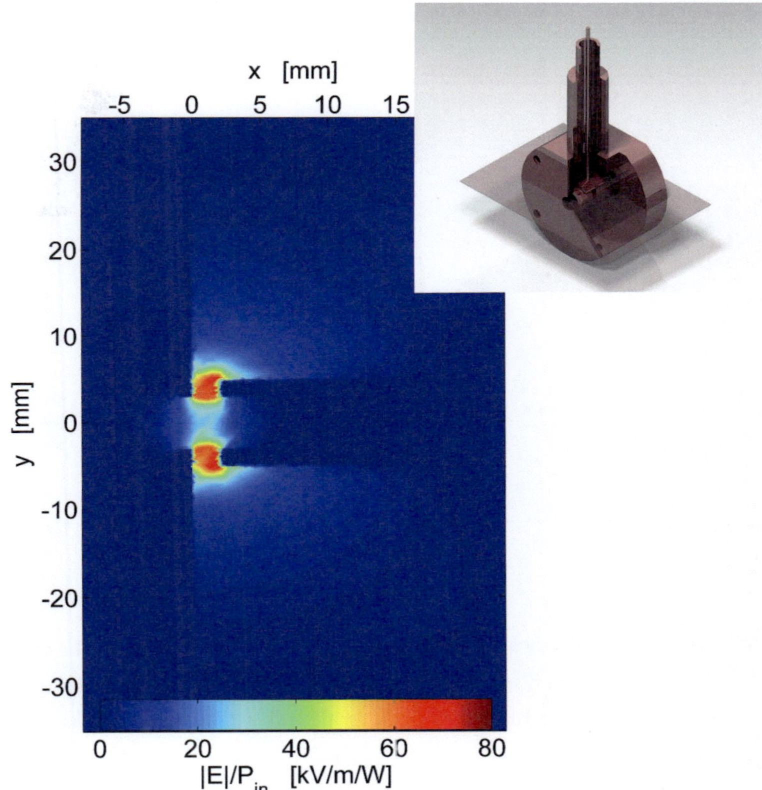

Abbildung 6.2: Simulation der Surfatronstruktur im Leerlauf; Die Abbildung zeigt den Verlauf des Betrages des elektrischen Feldes bezogen auf die eingespeiste Leistung im Leerlauf (l.). Die Position der Schnittebene kann der Übersichtsansicht (r.) entnommen werden. Sie befindet sich lotrecht zur koaxialen Zuleitung und verläuft durch den Mittelpunkt der Lampenaufnahme. Erkennbar ist eine Feldüberhöhung von mehr als $|E|/P_{in} = 40\,(\mathrm{kV/m})/\mathrm{W}$ im Koppelspalt (bezogen auf die Eingangsleistung).

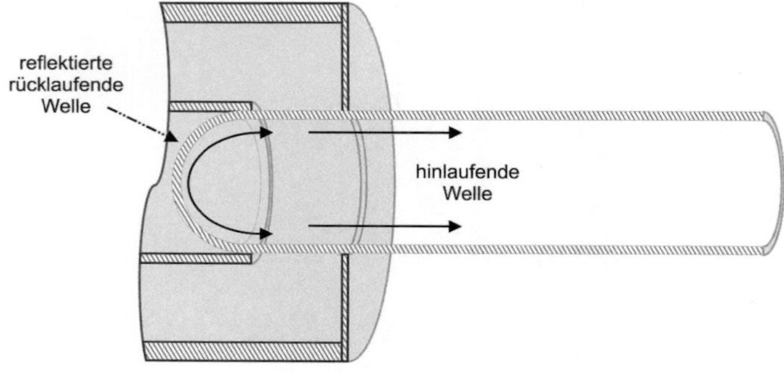

Abbildung 6.3: Verdeutlichung zur Mikrowellenreflexion am Ende von Plasmasäulen; Die Abbildung zeigt die Detailansicht eines Koppelspalts mit teilweise versenktem Entladungsgefäß im Schnitt. Die Schnittebene verläuft dabei durch den Mittelpunkt der Entladung, mit dem Lot senkrecht zur Lampenachse. Die rücklaufende Welle wird direkt im Koppelspalt, bzw. kurz dahinter am Ende der Plasmasäule reflektiert. Die reflektierte Welle verläuft danach ebenfalls in Vorwärtsrichtung. Durch den vernachlässigbaren Wegunterschied der hinlaufenden und der reflektierten Welle überlagern sich diese positiv. Beide Wellen werden entlang der Entladung absorbiert.

Vorteilhaft für die Lichterzeugung wäre eine Entladungssäule die soweit irgend möglich aus der Surfatronstruktur herausragt. Allerdings wird die Länge durch die Abstrahlung von Mikrowellen limitiert. Für Längen von mehr als $l = \lambda_{MW}/4$ bildet die leitfähige Plasmasäule selbst eine Dipolantenne und sendet die Mikrowellen in den Halbraum. Die abgestrahlte Leistung ist somit nicht mehr zur Erzeugung von Licht zugänglich. Für Plasmalängen von kleiner als $l = \lambda_{MW}/8$ wird die Abstrahlung der Mikrowelle physikalisch so weit unterdrückt, dass sie mit den im Labor verfügbaren Mitteln in 30 cm Abstand nicht mehr detektiert werden konnte. Für die verwendeten Plasmasäulen ergibt sich somit eine maximale Länge von $l_{Säule} = 18\text{mm}$ bei einem inneren Radius von $R_{Säule} = 2\text{mm}$. Die Glaswand der Entladungsgefäße hat eine Dicke von $d_{Wand} = 1\text{mm}$. Sie ist limitiert durch die kommerzielle Verfügbarkeit der Quarzrohre, die als Ausgangsmaterialien für die Lampen genutzt wurden.

Durch dieses Design wurden alle Anforderungen, die an das System zum Betrieb von mikrowellenangeregten stoßbestimmten Entladungen gestellt wurden, erfüllt. Das Design wurde ohne nachträgliche Änderung für alle in dieser Arbeit durchgeführten Experimente und Messungen an surfatronangeregten Lampen verwendet.

6.2 LAMPENFERTIGUNG

Wie bereits im vorangehenden Kapitel beschrieben, sind die verwendeten Lampen in der Größe limitiert. So kann das verwendete Surfatron lediglich zylindrische Lampen mit einem Außendurchmesser von weniger als $D = 6\,\text{mm}$ aufnehmen und lediglich Plasmasäulen in einer Länge bis zu $l = 18\,\text{mm}$ ohne Abstrahlung der Mikrowelle betreiben.

Die so limitierten Lampen wurden aus reinem, nicht synthetischem Quarzglas hergestellt. Als Ausgangsmaterial dient dabei ein Quarzglasrohr mit $D = 6\,\text{mm}$ Außendurchmesser und einer Wandstärke von $d_{Wand} = 1\,\text{mm}$. Die einzelnen Zwischenerzeugnisse bei der Herstellung der Lampen sind in Abbildung 6.4 dargestellt.

Die Quarzrohre wurden auf der Unterseite planar verschlossen und mit einem Stab versehen, der als Halter für den Einbau in das Surfatron dient.

Die obere Seite wird gezielt verjüngt, um eine möglichst exakte Stelle zum Abschmelzen der Lampe nach der Befüllung herzustellen.

Die gefertigten Rohkörper wurden bei einer Temperatur von $T > 800°\text{C}$ ausgeglüht und gleichzeitig evakuiert, um Beläge von Wasser und anderen Verunreinigungen von der Wand zu lösen. Der Enddruck lag bei allen Lampen bei weniger als $P = 10^{-6}\text{mbar}$.

Nach dem Reinigungsschritt darf die Lampeninnenseite keinen weiteren Kontakt mit der Umgebungsluft bekommen, da sie ansonsten wieder neu kontaminiert würde. Um dies zu verhindern, wurden die Lampen zu Transportzwecken direkt nach dem Reinigen mit etwa einer Atmosphäre Innertgas (Ar) befüllt und durch ein Ventil abgedichtet.

Die Festkörperfüllungen wurden in einer mit Stickstoff gespülten Glovebox mit einer Sauerstoff- und Wasserdampfkonzentration von

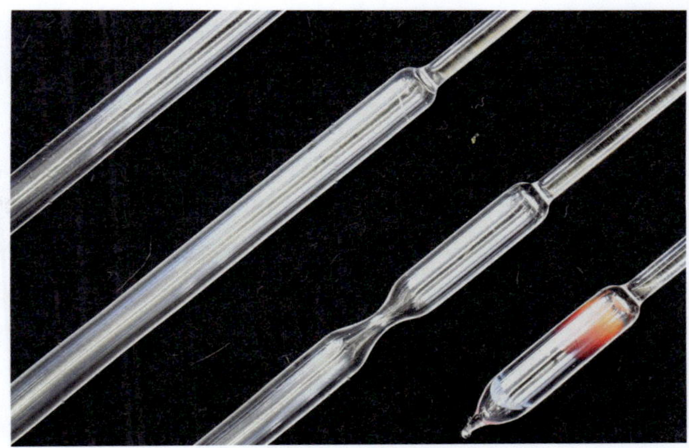

Abbildung 6.4: Halbzeuge der Prozesse zur Lampenfertigung; Die Abbildung zeigt die Halbzeuge der einzelnen Prozessschritte zur Lampenfertigung. Erkennbar ist das Quarzrohr, das als Rohmaterial dient, der geformte Lampenboden mit Stab zum Halten der Lampe, die voll ausgeformte Lampe mit Füllstutzen sowie die fertig prozessierte gefüllte Lampe (v.l.n.r.).

weniger als $1\,\text{ppm}$ in den Lampenkörper eingebracht. Um die Füllmenge richtig einzustellen, wurde soweit verfügbar, auf gewogene, portionierte und kommerziell erhältliche Füllungen in Pillenform zurückgegriffen. Waren diese nicht verfügbar, so wurden die Stoffe mittels einer Feinwaage mit einer Genauigkeit von $10\,\mu\text{g}$ abgewogen.

Nach dem Einbringen der Feststoffe wurden die Lampen nochmals evakuiert, wobei die Füllungen im Lampenkörper verbleiben. Nach dem Evakuieren wurden die Lampen mit hochreinem Argon als Startgas befüllt. Der Druckbereich des Ar lag dabei zwischen $P_{Ar} = 60\,\text{mbar}$ und $P_{Ar} = 300\,\text{mbar}$. Sowohl der Reinigungsschritt als auch der Befüllungsschritt wurden am selben Füllstand durchgeführt. Um Verunreinigungen des Füllsystems durch Einsaugen von

Füllungsbestandteilen zu verhindern, wurde der komplette Füllstand mit zwei voneinander getrennten Vakuumsystemen zur Befüllung und zur Reinigung aufgebaut.

Nach dem Füllen mit Startgas wurden die Lampen gezielt an der Verjüngung des Glaskörpers erhitzt und abgeschmolzen. Im Falle von leicht flüchtigen Füllmaterialien, wie beispielsweise elementarem Iod, wurde der Lampenboden auf etwa $-30°C > T > -60°C$ abgekühlt, um die Substanz gezielt zu kondensieren. So konnte die Füllmenge auch bei diesen Materialien sehr genau eingestellt werden.

Eine Zündhilfe wurde bei keiner der Lampen vorgesehen. Die Zündung der Entladung wurde daher, bis auf einige zufällige Ausnahmen, durch einen HF-HV-Generator unterstützt, wie er zum Prüfen von Gasentladungslampen üblich ist.

6.3 BETRIEBSGERÄTE UND MIKROWELLENMESSTECHNIK

Im Folgenden werden die genutzten Geräte zur Erzeugung der Mikrowellen und der Messung der Mikrowellenleistung beschrieben.

6.3.1 MIKROWELLENQUELLE

In dieser Arbeit wurde als Mikrowellenquelle ein System aus Frequenzgenerator und Wanderwellenverstärker genutzt. Der Frequenzgenerator (Rohde & Schwartz SMT03) speist dabei den Verstärker (Amplifier Research 200T2G4) über eine 50 Ω-Leitung.

Um die Beschädigung des Verstärkers durch reflektierte Mikrowellenleistung zu verhindern, wurde dieser ausgangsseitig mit einer Rücklaufsicherung bestehend aus einem Zirkulator und einem Abschlusswiderstand in Hohlleitertechnik bestückt. Durch eine Koppelstelle wurde das Hohlleitersystem wieder auf ein koaxiales 50 Ω-System transformiert (vgl. Abbildung 6.5).

In dieser Konfiguration können bei guter Leistungsanpassung Mikrowellenleistungen bis zu $P_{MW} = 250\,\text{W}$ bei einer Frequenz von $f_{MW} = 2,45\,\text{GHz}$ von dem System abgegeben werden. Die beschriebenen Versuche wurde jedoch im Wesentlichen auf einen Leistungsbereich bis $P_{MW} = 200\,\text{W}$ beschränkt, um Nichtlinearitäten in der Verstärkung und die Beschädigung des Verstärkers zu vermeiden.

Auf ein anschließendes verteiltes Anpassnetzwerk zur Leistungsanpassung wurde verzichtet, da die verwendeten Lasten selbst abgestimmt werden konnten.

Für industrielle Anwendungen sollten die Quellen als elektronische Bauteile mit entsprechenden Leistungshalbleitern ausgelegt werden.

6.3.2 LEISTUNGSBESTIMMUNG

Um die von den Lampen aufgenommenen Leistungen zu bestimmen, wurden die Leistungen der vor- und der rücklaufenden Welle am Eingang der verwendeten Koppelstruktur bestimmt. Im Falle der Surfatronanregung wurde davon ausgegangen, dass die verbrauchte Leistung von dem Plasma aufgenommen wurde.

Zum Einsatz kamen zwei unterschiedliche Messsysteme. Einerseits wurden die Leistungen mittels zweier thermischer Leistungsmessköpfe (Rohde & Schwarz NRV-Z5) und mit dem dazugehörigen Anzeigegerät (Rohde & Schwarz NRVD) bestimmt, die über einen bidirektionalen 40 dB Leistungskoppler in die Versorgungsleitung integriert wurden. Andererseits wurden die Leistungen direkt mittels eines bidirektionalen Leistungsmesskopfes (Rohde & Schwarz NRT-Z44) in der Versorgungsleitung bestimmt. Der Aufbau zur Leistungsversorgung und Messung ist schematisch in Abbildung 6.5 dargestellt.

In beiden Fällen wurden die Referenzebene der Kalibrierung auf den Übergang zwischen der Zuleitung und der Kopplerstruktur selbst gelegt, um eventuelle Leitungsverluste in der Messung zu eliminieren.

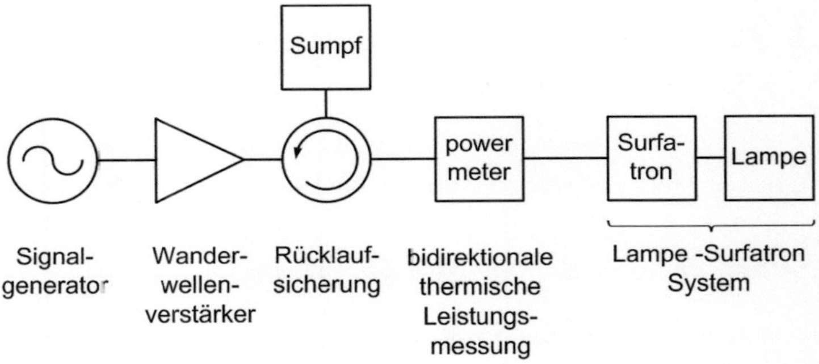

Abbildung 6.5: Schemazeichnung zur Leistungsversorgung und Messung; Die Abbildung zeigt das Schema zum Betrieb und der Leistungsbestimmung der Mikrowelle. Die Mikrowelle wird dabei von einem Signalgenerator erzeugt und einem Wanderwellenverstärker verstärkt. Nach dem Durchlauf einer bidirektionalen Messstelle wird diese in das Lampe-Surfatron System gespeist.

6.4 RADIOMETRISCHE UND OPTOMETRISCHE MESSUNGEN

Im Folgenden werden die Aufbauten der spektroradiometrischen Analyse der Lampen, sowie der Bestimmung des Lichtstroms beschrieben.

6.4.1 BESTIMMUNG DES STRAHLUNGSFLUSSES UND DES LICHTSTROMS

Die üblichen Herangehensweisen zur Bestimmung von Lichtströmen sind in [89] beschrieben. Im Wesentlichen lassen sich diese auch auf die Bestimmung von Strahlungsflüssen überführen.

In dieser Arbeit wurde die direkte Bestimmung des Lichtstroms mittels einer Ulbricht-Kugel (U-Kugel) durchgeführt. Indirekt wurde der Lichtstrom aus den spektralen Bestrahlungsstärken eines Detektors bestimmt.

Generell beruht die Messung des Lichtstroms und des Strahlungsflusses auf der Integration der Beleuchtungsstärke respektive der Bestrahlungsstärke über einer beliebigen die Lampe umgebenden geschlossenen Fläche. Diese ergibt sich somit zu:

$$\Phi = \oiint_A E \, dA \tag{6.1}$$

mit Φ dem Strahlungsfluss, E der Bestrahlungsstärke und A der geschlossenen, die Lampe umgebenden Fläche.

Bei der U-Kugel geschieht die Integration auf optischem Wege, wohingegen bei den Messungen der Beleuchtungsstärke eines Detektors eine numerische Integration über die Oberfläche durchgeführt wird, die der Detektor zuvor abgefahren hat [89]. Werden spektrale radiometrische[1] Größen als Messgröße gewählt, so können die photometrischen Größen definitionsgemäß direkt durch das Integral der Gewichtung der spektralen radiometrischen Größen mit der photopischen Hellempfindlichkeitsfunktion ermittelt werden. Für den Lichtstrom kann dies nach

$$\Phi_v = K_m \int \Phi_\lambda \cdot V(\lambda)\, d\lambda \tag{6.2}$$

geschehen. Für die anderen photometrischen und radiometrischen Größen kann dies analog durchgeführt werden.

Kann eine Punktlichtquelle mit homogener Abstrahlcharakteristik angenommen werden, so ergibt sich der spektrale Strahlungsfluss Φ aus der spektralen Bestrahlungsstärke eines Detektors E über die Integration der Bestrahlungsstärke über die umgebende Kugeloberfläche zu:

$$\Phi_{\lambda,PQ} = E_\lambda \cdot 4\pi r^2 \tag{6.3}$$

mit dem spektralen Strahlungsfluss $\Phi_{\lambda,PQ}$, der spektralen Bestrahlungsstärke E_λ und dem Abstand zwischen dem Detektor und dem Zentrum der Punktlichtquelle r.

Somit ist die Bestrahlungsstärke eines Detektors an einer fixen Position immer abhängig von dem Strahlungsfluss der Lampe als auch deren Abstrahlcharakteristik. Besteht die Möglichkeit einen Transferstandard mit bekanntem Strahlungsfluss zu erzeugen[2], der die gleiche Abstrahlcharakteristik aufweist wie das Messobjekt, so kann die integrierende

---

[1]spektrale radiometrische Größen sind im Folgenden stets mit dem Index λ gekennzeichnet, um eine Verwechslung mit den integralen Größen zu vermeiden. Für den Zusammenhang zwischen dem spektralen Strahlungsfluss Φ_λ und dem Strahlungsfluss Φ gilt beispielsweise $\Phi_\lambda = d\Phi/d\lambda$

[2]z.B. mittels einer Messung in einer U-Kugel

Messung auf eine Messung mit einem Detektor an einem fixen Punkt reduziert werden. Wie eine solche Messung im Detail durchgeführt werden kann, ist in Kapitel 7.2 beschrieben.

Ist die Messung über einen Transferstandard nicht möglich, kann die Abstrahlcharakteristik goniometrisch bestimmt werden. Daraus resultierend kann ein konstanter Faktor zwischen der Bestrahlungsstärke an einem festen Ort und dem Strahlungsfluss bestimmt werden, der für weitere Messungen unter denselben Bedingungen als konstant angenommen werden kann.

Zu diesem Zweck wurde ein Fernfeldgonioradiometer zur Bestimmung der Abstrahlcharakteristik der mittels Surfatron betriebenen Lampen aufgebaut. Der Aufbau ist in Abbildung 6.6 dargestellt.

Da alle verwendeten Lampen zylindrische Form aufweisen, kann eine zur Lampenachse rotationssymmetrische Abstrahlcharakteristik angenommen werden. Somit reduziert sich der vom Detektor abzurasternde Bereich von der kompletten umhüllenden Fläche auf den Scan längs einer Linie mit konstantem Azimutwinkel φ bei Polarwinkel ϑ zwischen $0° \leq \vartheta \leq 180°^3$ [90] [91]. Darüber hinaus wird eine spektrale Änderung der emittierten Strahlung mit der Beobachtungsrichtung vernachlässigt.

Als Drehpunkt des goniometrischen Systems wurde der optische Schwerpunkt der Lampe gewählt. Dieser wurde in der Mitte der aus dem Surfatron herausragenden Plasmasäule angenommen und lag 7 mm vor der Frontplatte des horizontal gelagerten Surfatrons.

Um die absolute radiometrische Größen zu erhalten, wurde ein absolut kalibriertes scannendes Spektralradiometer (Instrument Systems, Spektro 320D) mit einem kosinuskorrigierten Messkopf zur Bestimmung der Bestrahlungsstärke $E_{\lambda,S}$ (Instrument Systems, EOP1) und

---

^{3}in Kugelkoordinaten mit der Lampenachse in z-Richtung

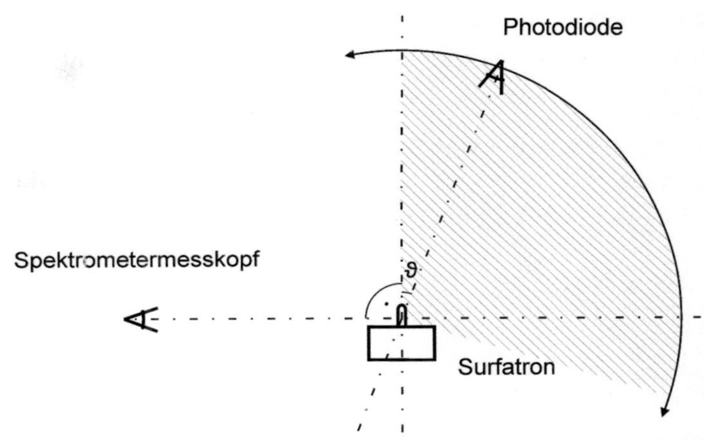

Abbildung 6.6: Prinzipdarstellung des gonioradiometrischen Aufbaus; Die Abbildung zeigt den prinzipiellen Aufbau des Photogoniometers. Die absolute Messung der Bestrahlungsstärken erfolgt mittels des absolut kalibrierten Spektralradiometers unter einem Winkel von 90° zur optischen Achse. Die Messung der Abstrahlcharakteristik erfolgt durch eine bewegliche Photodiode.

mit einer UV durchlässigen Glasfaser inklusive Einkoppeloptik (Instrument Systems OFG 465) zur Übertragung des optischen Signals zu dem Doppelmonochromator verwendet. Die Messung erfolgt unter einer festen Position mit $\vartheta_S = 90°$ und $\varphi_S = 90°$ bei einem Radius von $r = 480\,\text{mm}$ oberhalb der photometrischen Grenzentfernung.

Zur Bestimmung der Abstrahlcharakteristik wurde eine Silizium-Photodiode kreisförmig im Abstand von $r = 480\,\text{mm}$ bei festem Azimutwinkel $\varphi_{PD} = -90°$ entlang des Polarwinkels von $0° \leq \vartheta \leq 110°$

um die Lampe herum verfahren. Da die Surfatronstruktur selbst das emittierte Licht abschattet, muss nicht der volle Halbkreis abgescannt werden. Der Diodenstrom wurde im Quasikurzschluss abgegriffen und mittels eines Transimpedanzverstärkers als Spannung gemessen.

Unter Ausnutzung der angenommenen Symmetrien ergibt sich der spektrale Strahlungsfluss in Abhängigkeit der vermessenen spektralen Bestrahlungsstärke des Spektrometers und des Diodensignals zu:

$$\Phi_\lambda(E_{\lambda,S}, U_{PD}(\vartheta)) = \frac{2\pi \cdot E_{\lambda,S} r^2}{U_{PD}(90°)} \cdot \int_{\vartheta=0}^{180} \sin\vartheta \cdot U_{PD}(\vartheta)\, d\vartheta \qquad (6.4)$$

$$= F_U \cdot E_{\lambda,S}$$

und kann numerisch gelöst werden. F_U ist dabei der Faktor zwischen der Bestrahlungsstärke des Spektrometers und dem Strahlungsfluss, der auch als Umrechenfaktor zwischen beiden genutzt werden kann.

6.4.2 BESTIMMUNG DER SPEKTRALEN STRAHLDICHTE

Zur Bestimmung der spektralen Strahldichteverteilung wurde ein Array-Spektralradiometer (Instrument Systems, compact array spectrometer CAS) mit dem Spektralbereich von 200 nm bis 800 nm genutzt, das mit einer UV erweiterten Teleskopoptik (Instrument Systems, TOP 200) bestückt wurde.

Die Teleskopoptik wurde mit einer UV transmittierenden Optik mit einer Festbrennweite von 105 mm ausgestattet. Das gesamte System wurde auf absolute spektrale Strahldichte kalibriert. Der Arbeitsabstand zwischen dem Mittelpunkt der Lampe und der Referenzebene der Teleskopoptik lag bei 860 mm. Mit einer Blendenöffnung von 250 nm resultiert ein Messfleck mit einem Durchmesser von $\oslash_{MF} = 0,67$ mm.

Zur Ausrichtung der Optik auf das Messobjekt ist diese mit einer Kamera, die als Sucher dient ausgestattet. Abbildung 6.7 zeigt eine

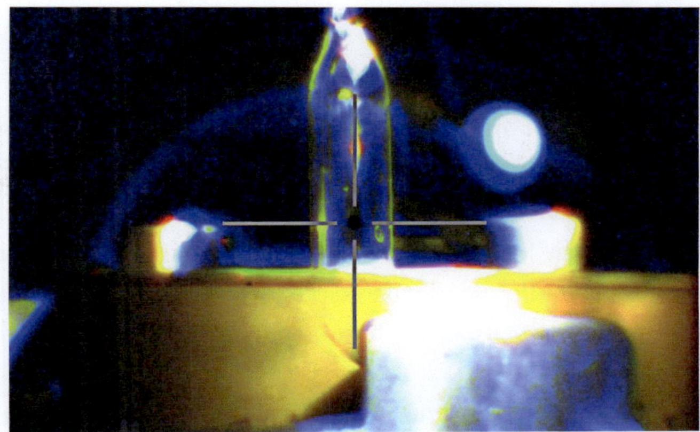

Abbildung 6.7: Sucherbild der Top 200 Teleskopoptik; Die Abbildung zeigt das Sucherbild der Top 200 Teleskopoptik. Erkennbar ist der Surfatron-Lampenaufbau sowie die Blende zur Einkopplung der Strahlung in das Spektrometer.

Aufnahme des Sucherbildes. Erkennbar ist der Messfleck etwa 3 mm oberhalb der Frontplatte des Surfatron.

Die komplette Vorrichtung konnte vertikal mit einer Genauigkeit von etwa $1\,\mu$m verfahren werden. Somit konnten die örtlich aufgelösten absoluten spektralen Strahldichten in Abhängigkeit der radialen Position vermessen werden. Da der Messfleck wesentlich größer als die Verfahrgenauigkeit war, wurde ein Verfahrweg zwischen zwei Messungen von $250\,\mu$m gewählt.

6.5 THERMOGRAFIE

Für Gasentladungen im thermischen Gleichgewicht ist die Kenntnis der Temperaturverteilung im Inneren der Lampe entscheidend bei der Auslegung der Lampenfüllung und der Lampenform. Im Regelfall kann diese über die Selbstabsorption optisch dichter Linien bestimmt werden. Hierzu ist allerdings eine genaue Kenntnis der jeweiligen Einsteinkoeffizienten und Abstrahlcharakteristika der Entladung notwendig. Darüber hinaus muss der Untergrund der Strahlung im jeweiligen Wellenlängenintervall eliminiert werden können. Dies verlangt eine genaue Kenntnis der Strahlungsmechanismen des Untergrunds.

Bei den, im vorliegenden Fall, auf Indiumiodid basierten Entladungen sind die üblichen Methoden zur Temperaturbestimmung nicht ohne Weiteres möglich. Wird das Spektrum einer solchen Entladung (siehe Abbildung 8.5 in Kapitel 8.3.1) betrachtet, so wird dies ersichtlich. Zwar stehen einige Linien des Indium und des Argon zur Verfügung. Allerdings sind die meisten stark durch die Untergrundstrahlung überstrahlt. Da zu Beginn der Arbeiten noch keine Aussage über den Strahlungsmechanismus des Untergrundes gemacht werden konnte, konnten die überlagerten Linien nicht zur Analytik herangezogen werden. Die Indium- und Argonlinien im infraroten Spektralbereich scheiden ebenso aus, da für diese keine Einsteinkoeffizienten bekannt sind (vgl. [69]). Auf zusätzliche Beimengungen aus Analysezwecken wurde verzichtet, um das Gleichgewicht der Entladung nicht durch die Messung zu stören.

Zur Bestimmung der Temperaturverteilung in der Lampe wurde daher ein thermografischer Ansatz gewählt. Die Grundlagen zur Thermografie sind in der Literatur sehr gut beschrieben und sollen hier nicht wiedergegeben werden. Stattdessen soll auf [92] und [46] als Startpunkte zur Recherche verwiesen werden.

Zur Detektion der thermischen Infrarotstrahlung wurden zwei Thermografiekameras mit unterschiedlichen spektralen Messbereichen verwendet. So wurde eine Kamera (Flir A325) mit spektralem Messbereich von etwa 8000 nm − 16000 nm zur Bestimmung der Quarzglastemperatur auf der Lampenaußenseite und eine weitere Kamera (Infratec Image IR 8300), die mit einem schmalbandigem Filter bei 2500 nm ausgestattet wurde, zur Detektion der thermischen Strahlung der Entladung genutzt.

Die Kombination ist zweckmäßig, da das verwendete Quarzglas bei 2500 nm noch nahezu komplett transparent ist, wohingegen im Bereich zwischen 8000 nm − 16000 nm keine Plasmastrahlung mehr transmittiert wird.

Generell sind thermografische Systeme auf die Temperatur eines idealen schwarzen Strahlers kalibriert. Für emittierende Oberflächen kann der Faktor zwischen den Emissionseigenschaften des jeweiligen Materials und dem Planckschen Strahler über den Emissionsgrad ϵ_t gegeben werden.

$$L_\lambda(T) \;=\; \epsilon_t \cdot \int_{\lambda_u}^{\lambda_o} L_{\lambda,B}(\lambda, T) \; d\lambda \tag{6.5}$$

mit λ_u der untersten detektierbaren und λ_o der obersten detektierbaren Wellenlänge.

Für die verwendete Kamera ergibt sich der Zusammenhang

$$L_\lambda(T) \;=\; \epsilon_t \cdot \int_{8\mu m}^{16\mu m} L_{\lambda,B}(\lambda, T) \; d\lambda \tag{6.6}$$

Für das verwendete Quarzglas wurde der Emissionsgrad für die Temperatur von 800°C im Inneren eines Rohrofens zu $\epsilon_t = 0,88$ bestimmt.

Die Wandtemperatur der Lampe kann dementsprechend ohne weitere Berechnungen durch das Thermografiesystem bestimmt werden. Die

Wandtemperatur auf der Lampeninnenseite ist dabei aufgrund der Wärmeleitfähigkeit und der Wärmekapazität des Quarzglas bei den durchgeführten Messungen um etwa 100°C höher.

Mit der Durchglasmessung lässt sich zwar die Strahlung der Entladung detektieren, allerdings ist die Bestimmung der Temperatur über einen einfachen Vergleich mit dem schwarzen Körper über die Emissivität nicht möglich, da dies nur für die austretende Strahlung einer Oberfläche gültig ist. Bei der Entladung hingegen handelt es sich um ein teildurchlässiges Medium. Die austretende Strahlungsleistung ist daher nicht mehr einer einheitlichen Temperatur zuzuordnen. Die emittierte Strahldichte ergibt sich unter Berücksichtigung der Strahlungstransportgleichung (Formel 2.42) mit der Integration entlang eines Sichtstrahls zu

$$L_\lambda = \int_x \alpha_\lambda \left(\lambda, T(x)\right)\ L_{B,\lambda}\left(\lambda, T(x)\right)\ dx \qquad (6.7)$$

Die Thermografie kann in solchen Fällen dennoch genutzt werden, um die Strahldichte des Plasmas zu bestimmen. Das Thermografiesystem liefert bei teildurchlässigen heißen Medien unter der Annahme eines Emissionskoeffizienten $\epsilon_t = 1$ eine virtuelle zweidimensionale Temperaturverteilung. Diese virtuelle Verteilung kann genutzt werden, um die integrale emittierte Strahldichte im Filterintervall F zu bestimmen. So ist die gemessene virtuelle Temperatur T_{virt} über das Filterintervall mit der integralen Strahldichte der Objektebene über die Planksche Strahlungsfunktion verknüpft. Da die Kamera mit einem Schmalbandfilter bestückt ist, kann der Bereich der detektierten Strahlung sehr gut eingegrenzt werden. Die detektierte Strahlung im Filterintervall ergibt sich zu:

$$L_{virt}(T_{virt}) = \int_{2400\,\mathrm{nm}}^{2600\,\mathrm{nm}} L_{B,\lambda}(\lambda, T_{virt})\ d\lambda \qquad (6.8)$$

Der Integrationsbereich stellt dabei näherungsweise die Funktion des eingebauten Filters dar. Die tatsächliche Filterfunktion, sowie der gewählte Integrationsbereich ist aufgrund der Kalibrierung der Kamera für die folgende Temperaturbestimmung von untergeordnetem Interesse, da diese in der Kalibrierfunktion der Kamera enthalten ist. Jedoch müssen einige Voraussetzungen erfüllt sein. Der Integrationsbereich muss den tatsächlichen Filterbereich umfassen, um Fehler der Extrapolation zu vermeiden. Darüber hinaus muss er so klein gewählt werden, dass die Näherung

$$L = \int_F L_\lambda \ d\lambda \approx \int_F L_{B,\lambda}(\lambda, T_{virt}) \ d\lambda \tag{6.9}$$

aufrecht erhalten werden kann. Um dies zu gewährleisten, muss das Filterintervall mindestens so klein gewählt werden, und die höchsten Temperaturen entlang eines Sichtstrahles hoch genug sein, dass das Maximum der Planckschen Strahlungsverteilung bei den höchsten Temperaturen nicht in das Filterintervall fällt. Ansonsten würde der Einfluss der niedrigeren Temperaturen auf die virtuelle Strahldichte in der folgenden Auswertung unterinterpretiert.

Um die Temperatur des Plasmas zu bestimmen kann durch die Thermografie auf die Strahldichteprofile in der Seitenansicht der Lampe zurückgegriffen werden. Der Einfluss der Absorption auf das seitliche Strahldichteprofil kann nicht vernachlässigt werden. Eine direkte Bestimmung des Volumenemissionskoeffizienten aus den Messdaten durch eine einfache Abeltransformation ist daher nicht möglich. Eine Kombination aus Absorptionsmessung und Emissionsmessung ist notwendig. Können die Emissionskoeffizienten ϵ und Absorptionskoeffizienten α im gewählten Filterbereich bestimmt werden, so kann auch die Temperatur unter Voraussetzung des lokalen thermischen Gleichgewichts nach dem Kirchhoffschen Satz (Formel 2.47) über den Planckschen Strahler bestimmt werden.

Um die Emissions- und Absorptionskoeffizienten zu bestimmen ist die Strahlungstransportgleichung, wie in Kapitel 2.4 beschrieben, zu lösen. Da in einem Thermogram lediglich die emittierte Strahldichte in der Seitenansicht des Plasmas bestimmt werden kann, sind beide Koeffizienten durch ein Thermogramm der Lampe nicht eindeutig bestimmbar. Eine zusätzliche Messung der Absorption ist notwendig und kann über eine Transmissionsmessung geschehen. Hierzu wurde das Band einer Wolframbandlampe, die als Strahldichtenormal dient, in das Innere des Messobjektes projiziert. Bei Durchführung von Referenzmessungen ist sowohl die transmittierte bzw. absorbierte Strahldichte als auch die emittierte Strahldichte erfassbar.

Abbildung 6.8 zeigt den prinzipiellen Aufbau zur durchlichtgestützen Thermografie. Durch eine Blende im Strahlengang kann die Strahlung der Wolframbandlampe ausgeblendet werden. Um ausreichend Gleichungen zur Bestimmung der optischen Parameter zu gewinnen, sind drei Messungen durchzuführen. Eine Messung mit dem reinen Signal der Wolframbandlampe bei ausgeschalteter Entladung als Referenz, eine Messung des Mischsignals der Wolframbandlampe mit eingeschalteter Entladung und eine Messung der Entladung mit ausgeblendeter Wolframbandlampe (vgl. Abbildung 6.9). Die transmittierte Strahlung ergibt sich aus der Differenz des Mischsignals und des Messsignals bei bloßer Entladung. Die Auswertung der Daten wurde in zwei Schritten durchgeführt. Die Bestimmung der radialen Absorptionsverteilung kann durch das Lösen der Strahlungstransportgleichung ohne Emission geschehen. Die so gewonnenen Daten können in einem zweiten Schritt zur Lösung der Strahlungstransportgleichung für die Emission verwendet werden.

Zur Lösung der Strahlungstransportgleichungen, wurde die Rotationssymmetrie der Lampe vorausgesetzt. Die Absorptions- und Emis-

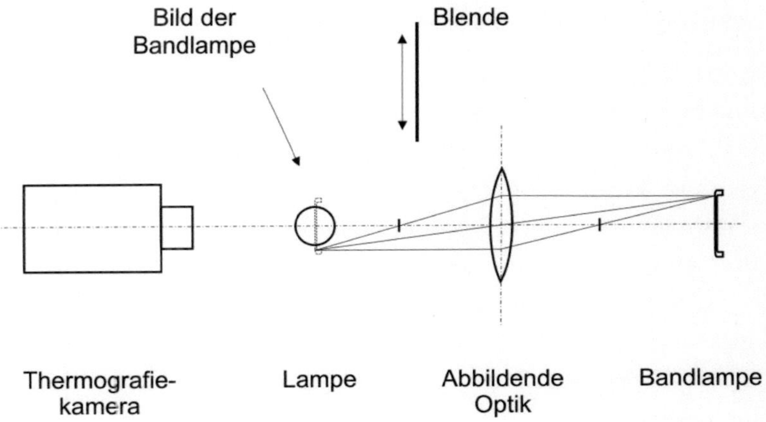

Abbildung 6.8: Prinzipskizze der durchlichtgestützten Thermografiemessung; Die Abbildung zeigt die Prinzipskizze der durchlichtgestützten Thermografiemessungen. Das Band einer Wolframbandlampe wird in das Innere der Entladung projiziert, deren lokale Temperatur bestimmt werden soll. Das Signal der Wolframbandlampe kann über eine Blende ein und ausgeblendet werden. Durch die Referenzmessung mit ausgeschalteter Entladung kann somit die Transmission sowie die Emission im Infraroten bestimmt werden.

sionskoeffizienten wurden von der Plasmaoberfläche ausgehend bis zum Zentrum der Entladung iterativ bestimmt[4].

Wie in Abbildung 6.9 ersichtlich, sind im Durchlichtsignal dunkle Zonen in der Nähe der Lampenwand zu erkennen. Diese ergeben sich durch die runde Form der Lampe, die ähnlich einer Linse wirkt. Die Verzerrung der Abbildung nimmt zu den Wänden zu.

Für die Auswertung hat sich der Messbereich vom Lampenmittelpunkt bis zu einem Radius $r = 1,2\,\text{mm}$ bewährt, in dem der Einfluss der Verzerrung gering war. Für die Lösung der Strahlungstranportgleichung wurde der Bereich von $1,2\,\text{mm} < r < 2\,\text{mm} = r_{Wand}$ als konstant angenommen. Somit können durch die Durchlichtthermografie lediglich Temperaturverteilung bis zu Radien von maximal $r = 1,2\,\text{mm}$ gewonnen werden. Die Randwerte wurden gleich der abgeschätzten Temperatur der Lampeninnenseite angenommen, die aus der Thermografie des Glases resultiert. Zwischenwerte wurden interpoliert.

---

[4]Die Entladung wurde dazu in Ringe gleicher Emissions- und Absorptionskoeffizienten eingeteilt. Eine gute Beschreibung der Vorgehensweise ist in [12] für radialsymmetrische Entladungen gegeben. Allerdings wird dort der umgekehrte Fall beschrieben und, ausgehend von den radial abhängigen Absorptions- und Emissionskoeffizienten, die seitliche Strahldichteverteilung berechnet. Zur Bestimmung der Koeffizienten aus seitlichen Messungen sind die dort beschriebenen Formeln in die Rotationssymmetrie zu übertragen und nach den jeweils innersten finiten Elementen umzustellen. Sinnvollerweise wird die seitliche Strahldichte dabei zunächst unter Vernachlässigung des zu analysierenden Volumenelements berechnet. Aus der Differenz zur tatsächlich gemessenen Strahldichte kann auf den Emissivitätskoeffizienten des betrachteten Volumenelements zurück gerechnet werden.

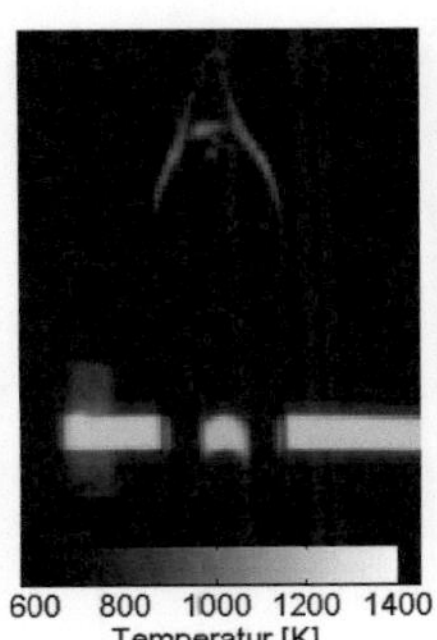

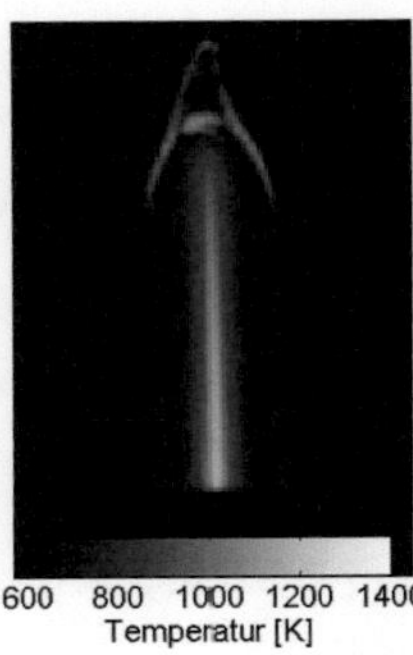

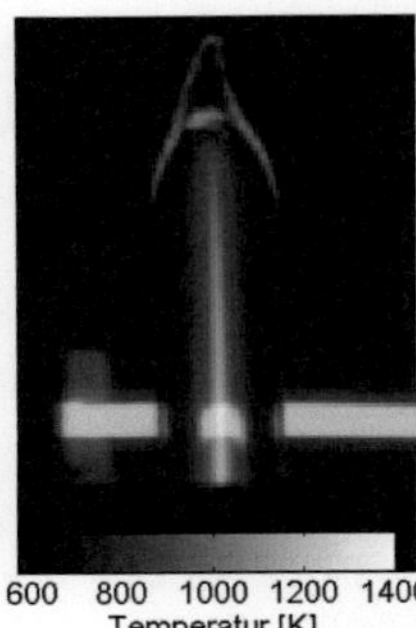

Abbildung 6.9: Thermogramme der durchlichtgestützten Temperaturbestimmung; Die Abbildung zeigt die Thermogramme zur durchlichtgestützten Temperaturbestimmung. Zu erkennen sind die Referenzmessung ohne Entladung (l.), das reine Signal der Entladung ohne das Durchlichtsignal (m.) und das kombinierte Emissions und Absorptionssignal (r.). Bei den Messwerten handelt es sich nicht um die tatsächlichen Temperaturen der Lampe, sondern lediglich um die virtuellen Temperaturen zur weiteren Auswertung.

6.6 ZUSAMMENFASSUNG KAPITEL 6

In diesem Kapitel wurden alle notwendigen Laboraufbauten zur Untersuchung der surfatronangeregten Lampen beschrieben.

Mit der Zielsetzung einer angepasssten Leistungseinspeisung in die Entladung durch Oberflächenwellen wurde ein Surfatron entwickelt, welches eine kompakte Bauform aufweist. Dabei wird von der Struktur selbst wenig Licht der Lampe abgeschattet, da lediglich ein kleiner Bereich der Lampe in das Surfatron versenkt werden muss.

Ausgehend von den Anforderungen des Surfatrons an die verwendeten Lampen wurden diese in zylindrischer Form gefertigt und unter hochreinen Bedingungen mit den zu untersuchenden Materialien befüllt.

Die Mikrowellenversorgung der Lampe und deren Leistungsbestimmung wurden realisiert. Mit der absoluten Bestimmung des Lichtstroms über einen gonioradiometrischen Ansatz kann die Lichtausbeute der Entladung direkt in Abhängigkeit der eingekoppelten Leistung bestimmt werden.

Zur weiteren Analyse der Entladung wurde ein Messaufbau zur örtlich aufgelösten Bestimmung der spektralen Strahldichten im Wellenlängenbereich von $\lambda = 200\,\text{nm}$ bis $\lambda = 800\,\text{nm}$ realisiert.

Die Temperaturbestimmungen der Lampenwand, sowie der Plasmatemperatur wurden auf thermografischem Wege gelöst. Hierzu wurde eine Kombination aus Emissions- und Absorptionsthermografie entwickelt.

KAPITEL 7

ANTENNENANREGUNG

Die Leistungseinkopplung in eine Entladung zur Lichterzeugung muss mehrere Anforderungen erfüllen. Einerseits sollen die Strukturen zur Einkopplung selbst so wenig Leistung wie möglich verbrauchen, andererseits soll aber auch so wenig Licht wie möglich von den Strukturen abgeschattet werden. Beides verringert die Lichtausbeute des Systems. Darüber hinaus sollte die Struktur selbst möglichst klein ausfallen, um leicht in Leuchten integriert werden zu können. Die gängigen Methoden zur Leistungseinkopplung sind in Kapitel 3.2 beschrieben.

Resonatoraufbauten stellten sich als ungeeignet heraus, da diese, aufgrund der Mikrowellenanregung, immer Baugrößen in der Dimension der Mikrowellen-Wellenlänge aufweisen.

Ein potentiell geeignetes Verfahren ist die Antennenanregung (siehe Kapitel 3.2.2). Die Erprobung der Antennenanregung wurde mit Quecksilber durchgeführt, um die Vergleichbarkeit mit [57] zu erhalten.

Wie bereits in Kapitel 3.2.2 beschrieben, stellt die Antennenanregung von Hochdrucklampen eine Möglichkeit zur Leistungseinkopplung in eine Hochdruckentladung dar. Die Schwachstellen in den bisherigen Arbeiten liegen allerdings in der exakten Bestimmung des Lichtstromes in diesen Systemen. Um die Eignung dieser Konfiguration zu untersuchen, musste die Lichtausbeute einer vergleichbaren Hochdrucklampe unter Ausnutzung der Antennenanregung bestimmt werden.

Mehrere Bedingungen mussten erfüllt werden. Die verwendeten Lampen sollten denen aus [57] ähnlich sein. Aus diesem Grunde wurde ein Lampe für Projektionssysteme verwendet. Hierbei handelte es sich um die Osram P-VIP 120W/132W. Diese ist von Funktion und Form vergleichbar mit den Beschreibungen der nicht näher bezeichneten kommerziellen Lampe aus [57].

7.1 LEISTUNGSBESTIMMUNG

Um die Lichtausbeute zu bestimmen, muss sowohl die verbrauchte Leistung als auch der Lichtstrom ermittelt werden. Die Leistung kann hierbei eingangsseitig mit Leistungsmessköpfen und einem Bidirektionalkoppler bestimmt werden (siehe Kapitel 6.3). Allerdings wird dabei nicht zwischen der Leistung unterschieden, die direkt in der Lampe verbraucht wird, und derjenigen, die von dem System als Mikrowellen abgestrahlt werden. Eine Unterdrückung der Mikrowellenabstrahlung ist daher notwendig, da lediglich die tatsächlich in der Lampe umgesetzte Leistung betrachtet werden soll. Hierzu kann die Lampe selbst in einem zylindrischen TM_{010} Resonator platziert werden. Durch die Konfiguration der Lampe als $\lambda/4$-Antenne kann diese direkt Leistung aus dem elektrischen Feld im Inneren des Resonators entnehmen. Ein Abstrahlen von Mikrowellen wird durch den geschirmten Resonator unterdrückt. Die Leistungsaufnahme des Resonatortopfes kann anschließend überprüft werden. Da die Lampe wegen des hohen Innendrucks im Betrieb nicht heißzündfähig ist, kann die vom Resonatortopf verbrauchte Leistung nach jeder Messung bestimmt werden, indem die Leistungsversorgung kurz getrennt wird. Das Plasma erlischt. Beim Wiederverbinden der Leistungsversorgung wird die komplette Leistung, bis auf die durch den Resonator verbrauchte, reflektiert und kann gemessen werden. Die von der Lampe

Abbildung 7.1: Laboraufbau zur Untersuchung der Antennenanregung; Die Abbildung zeigt den TM_{010} Resonator mit eingelassenen Sichtfenstern. Im Inneren des Resonators befindet sich die Lampe (dargestellt ist die Lampe für den klassischen Betrieb mit ECG ohne gekürzte Elektroden). Die Lampe wurde zentrisch in dem Resonator positioniert. Um die axiale Position bei allen Versuchen gleich zu halten, wurde diese mit einem Richtlaser markiert. Für die Messungen wurde ein System von Blenden genutzt, das störende Reflexionen an der Resonatorinnenseite ausblenden. Demzufolge trifft nur die direkte Strahlung der Lampe auf den Detektor.

verbrauchte Leistung kann im Nachhinein korrigiert werden. Der Resonatoraufbau mit eingebauter Lampe ist in Abbildung 7.1 dargestellt.

Die vermessene Lampe inklusive der Molybdänfolien wurden hierzu nach den Vorgaben zur Antennenanregung auf etwa 30 mm

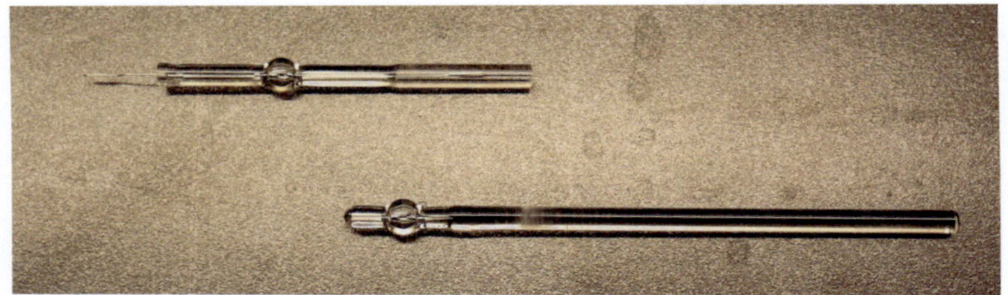

Abbildung 7.2: Darstellung der Lampen zur Antennenanregung; Die Abbildung zeigt die Lampe die für die Untersuchungen zur Antennenanregung genutzt wurde (u.). Erkennbar sind die gekürzten Molybdänfolien. Die Gesamtlänge der Lampe inklusive Elektroden und Durchführung liegt bei etwa 3 cm. Die zweite Lampe zeigt den Ursprungszustand in ungekürzter Form, mit der die Referenzmessungen zur Antennenanregung durchgeführt wurden.

gekürzt um die Konfiguration als $\lambda/4$-Antenne zu erhalten (siehe Abbildung 7.2).

7.2 BESTIMMUNG DES LICHTSTROMS

Der Resonator ermöglicht die Leistungsbestimmung. Allerdings behindert er die direkte Ermittlung des Lichtstroms, da dieser nicht als integraler oder photometrisch germessener Wert bestimmbar ist. Daher wurde eine Transferlampe genutzt. Besitzen zwei Lampen die gleichen Abstrahleigenschaften, so genügt es den Lichtstrom einer Lampe genau zu kennen. Die zweite kann bei gleichen geometrischen Eigenschaften relativ zur ersten vermessen werden. In der durchgeführten Untersuchung wurde noch einen Schritt weiter gegangen. Es wurde dieselbe Lampe als Transferlampe und als Messobjekt genutzt.

Die Lampe wurde vor dem Kürzen zunächst konventionell mittels des dazugehörigen EVG betrieben. In diesem Betrieb wurde der Lichtstrom mittels einer Ulbricht-Kugel bestimmt. Daraufhin wurde die Lampe in dem Resonatortopf platziert. Der Resonatortopf weist zwei Sichtfenster auf (siehe Abbildung 7.1). Außerhalb des Topfes wurde ein auf spektrale Bestrahlungsstärken kalibriertes Spektrometer aufgestellt. Durch ein Blendensystem wurde die Reflexion der Lampe an der Resonatorstruktur ausgeblendet und nur der direkte Strahl verwendet. Die Unterdrückung des Streulichtes wurde bei ausgeblendetem direktem Strahl zu unter 1 % des Messsignals bestimmt. Die Lampe wurde konventionell im Resonator betrieben (siehe Abbildung 7.1). Die Beleuchtungsstärke am Messkopf des Spektrometers wurden als Bezugsgröße des Lichtstroms genutzt. In einem weiteren Schritt wurde die Lampe wie beschrieben gekürzt und an exakt derselben Position betrieben. Die Leistung wurde variiert. Die erhaltenen Spektren der Bestrahlungsstärke sind in Abbildung 7.3 dargestellt.

Werden die spektralen Bestrahlungsstärken auf dem Detektor miteinander verglichen, so fällt auf, dass im Mikrowellenbetrieb wesentlich höhere Leistungen notwendig, sind um die Lampe vergleichbar zu betreiben. Darüber hinaus kann eine Rotverschiebung des Spektrums beobachtet werden.

Aus dem Spektrum konnten direkt die Beleuchtungsstärken, und somit in dieser Messkonfiguration auch die Lichtströme ermittelt werden. Diese sind in Tabelle 7.1 mit den zugehörigen Leistungen wiedergegeben.

Auch hierbei wird deutlich, dass unter Verwendung der Mikrowellenanregung deutlich höhere Leistungen benötigt werden, um die gleichen Lichtströme zu generieren. So werden im Vergleich zum klassischen Betrieb mit EVG bei 130 W etwa 30 W mehr Leistung benötigt, um die Lampe bei gleichen Lichtströmen zu betreiben.

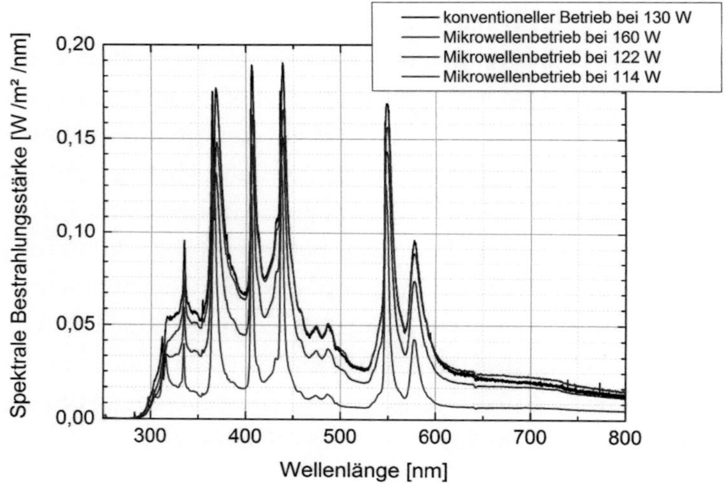

Abbildung 7.3: Vergleich der spektralen Eigenschaften der Lampe bei Antennenanregung und EVG-Betrieb; Die Abbildung zeigt die spektralen Bestrahlungsstärken auf dem Detektor. Hierbei wurde sowohl die klassische Anregung als auch die Antennenanregung genutzt. Bei einer Leistung von 160 W sind die Spektren der Antennenanregung vergleichbar mit dem der EVG Anregung bei 130 W. Bei der mikrowellenbetriebenen Lampe ist eine Rotverschiebung erkennbar. Besonders deutlich wird diese im ultravioletten Spektralbereich zwischen 300 nm und 370 nm.

Tabelle 7.1: Gegenüberstellung der Lichtströme der Antennenanregung mit demjenigen der klassischen Anregung; Aufgeführt sind die ermittelten Lichtströme ϕ_V der Antennenanregung, sowie derjenige der klassischen Anregung mittels EVG. Darüber hinaus sind die jeweiligen Leistungen P_{in} und Lichtausbeuten η angegeben.

Betrieb	P_{in} [W]	ϕ_V [lm]	η [lm/W]
Klassischer Betrieb	130	8387	64,5
Mikrowellenbetrieb	114	6070	53,5
	122	6444	52,8
	133	6680	50,2
	144	7256	50,4
	150	7538	50,3
	160	8290	51,8
	169	8757	51,8
	180	8792	48,9

7.3 INTERPRETATION DER ERGEBNISSE

Sowohl der verringerte Lichtstrom als auch eine spektrale Verschiebung des emittierten Lichtes wurde bereits in [57] beobachtet. Dies konnte allerdings bislang nicht verifiziert werden. Dort jedoch wurde ein blauverschobenes Spektrum gemessen. Dies kann an der untersuchten Lampe liegen. Leider sind keine näheren Angaben zu der Lampe gemacht. Die Blauverschiebung kann somit nicht nachvollzogen werden. Die übrigen Ergebnisse wurden mit einer genaueren Bestimmung des Lichtstroms verifiziert.

In Abbildung 7.4 ist die Lampe im klassischen Betrieb (l.) und im Mikrowellenbetrieb (r.) bei vergleichbarer Leistung dargestellt. Ein eindeutiger Unterschied zwischen den beiden Betriebsweisen ist sichtbar. Im klassischen Betrieb ist kondensiertes Quecksilber an der Unterseite der Lampe erkennbar. Der Bogen der Entladung ist dabei durch die Konvektion nach oben gewölbt und setzt klar an der Elektrode an. Die Elektrode glüht. Im Falle der Mikrowellenanregung hingegen ist kein kondensiertes Quecksilber mehr vorhanden. Der Bogen ist kaum gebogen. Die Elektrode glüht stärker. Die Entladung selbst scheint sehr viel diffuser und ist stärker räumlich ausgedehnt.

Der fehlende Quecksilberniederschlag an der Lampenunterseite lässt auf sehr viel heißere Randbereiche der Lampe schließen. Darüber hinaus wird sich durch das komplett verdampfte Quecksilber ein erheblich höherer Quecksilberdruck in der Lampe einstellen. Der erhöhte Druck verursacht die Farbverschiebung. Mit höherem Druck nimmt die Selbstabsorption der Spektrallinien erheblich zu. Dadurch wird mehr benachbarte Strahlung absorbiert. Dieses Fehlen erzeugt die Rotverschiebung im ultravioletten Spektralbereich.

Die schlechtere Lichtausbeute unter Verwendung der Antennenanregung liegt an den heißeren Wandtemperaturen. Der Wärmeabtransport durch Konvektion und Infrarotstrahlung nimmt mit steigender Wandtemperatur zu. Da die Elektroden heller glühen, sind auch diese erheblich heißer als im EVG-Betrieb. Daher müssen auch die Elektrodenverluste höher sein als in der klassischen Anregung. Eine Verkleinerung der Lampen könnte dem entgegenwirken, da in diesem Falle die Leistung stärker konzentriert würde. Die Temperatur würde dabei in geringerem Maße über den Lampenkolben abgeführt werden.

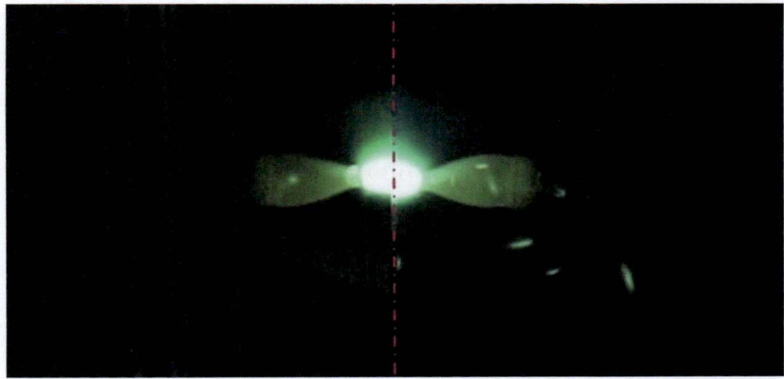

Abbildung 7.4: Detaildarstellung der Bogenentladung bei Betrieb mit EVG und Antennenanregung; In der Abbildung ist eine vergleichende Darstellung der Lampe im Betrieb bei Antennen- (r.) und EVG (l.) Anregung dargestellt. Der Elektrodenversatz ist hierbei kein Darstellungsfehler, sondern beruht auf der tatsächlichen Lampengeometrie. Der EVG Betrieb zeigt einen durch Gravitation leicht gekrümmten Lichtbogen. Zudem liegt kondensiertes Quecksilber auf der Unterseite der Lampe vor. Bei der Antennenanregung hingegen ist kein flüssiges Quecksilber mehr erkennbar. Der Bogen biegt sich fast nicht durch und das Plasma wirkt diffuser.

7.4 ZUSAMMENFASSUNG KAPITEL 7

Insgesamt ist die Anregung der Lampe in Antennenkonfiguration zwar geeignet, um Mikrowellen in ein Plasma zu fokussieren, jedoch profitiert die Lichtausbeute der Lampe davon nicht. Gerade der Vorzug der Mikrowellenanregung, dass keine Elektroden in der Entladung verbleiben müssen, wird nicht genutzt. Dies stellt einen erheblichen Nachteil dar, der nur aufgrund höherer Effizienzen zu rechtfertigen wäre. Darüber hinaus ist die Abstrahlung von Mikrowellen von dem System ohne äußere Schirmung unklar.

Bei der Antennenanregung überwiegen die Nachteile, so dass auf weiter Untersuchungen, wie insbesondere die aufwändige Temperaturbestimmung der Wände und des Plasmas, verzichtet wurde.

KAPITEL 8

SURFATRONANGEREGTE LAMPEN

In den vorangegangenen Kapiteln wurden die Grundlagen zur Surfatronanregung von Lampen beschrieben. Des Weiteren wurden mögliche Lampenfüllungen durch theoretische Überlegungen identifiziert.

Im Folgenden sollen die gewählten Füllungsmaterialien auf ihre tatsächliche Verwendbarkeit in oberflächenwellenangeregten Plasmen untersucht werden. Aufgrund von Simulationen zur elektrischen Feldverteilung entlang der Entladung wird Indiumiodid als geeignetes Füllungsmaterial identifiziert. Die hohe Leitfähigkeit des Plasmas bei mäßigen Temperaturen fördert dabei die Ausbildung von Oberflächenwellen. Für die weiteren verwendeten Materialien werden die Zusammenhänge im Plasma komplexer. Weitere Untersuchungen wurden daher auf experimentellem Wege durchgeführt.

Da für die verschiedenen Lampenfüllungen die Lichtausbeuten bestimmt werden sollen, wird zunächst die Abstrahlcharakteristik der verwendeten Lampen untersucht, um eine einfache Abschätzung des Lichtstroms zu realisieren.

Im Weiteren werden die experimentellen Ergebnisse mit den in Kapitel 4 ausgewählten Lampenfüllungen beschrieben, die zielgerichtet zu einer Erhöhung der Lichtausbeute des Systems führen. Hierzu wird zunächst das Leuchtgas sowie das Startgas ausgewählt. Zur weiteren Optimierung der Lichtausbeute werden die Einflüsse der Startgas- und Leuchtgaskonzentrationen auf die emittierte Strahlung beschrieben. Zur Steigerung der Effizienz wird der Einfluss von Puffergasen zum Einstellen der elektrischen Parameter und Additiven zum Auffüllen des sichtbaren Spektralbereichs untersucht.

8.1 AUSBILDUNG VON OBERFLÄCHENWELLEN BEI INDIUMIODID ENTLADUNGEN

Bei den bisherigen Arbeiten zu den mit Oberflächenwellen angeregten Plasmen wurden lediglich Niederdruckentladungen behandelt. Diese bieten den Vorteil, dass die elektrischen Eigenschaften lediglich eine schwache radiale Abhängigkeit aufweisen. Im Wesentlichen waren die elektrischen Eigenschaften bei diesen Untersuchungen durch die Feldstärke des elektrischen Feldes bestimmt [62]. Der Übertrag früherer Untersuchungen auf die Hochdruckentladung gestaltet sich daher schwierig. So sind die elektrischen Eigenschaften nicht mehr direkt mit dem elektrischen Feld gekoppelt. Vielmehr sind diese abhängig von der jeweiligen Temperatur im Plasma, die ihrerseits über die elektrischen Eigenschaften mit dem elektrischen Feld verknüpft ist. Um eine Simulation der radial und axial abhängigen Leitfähigkeit, der Leistungsdichteverteilung und der Temperaturverteilung im Plasma zu erzielen, müsste ein in sich geschlossenes Modell aufgestellt werden, das sowohl die elektrischen Eigenschaften, die Emissions- und Absorptionseigenschaften, die Konvektionseigenschaften im Plasma sowie die Wechselwirkung mit der Mikrowelle und die Kühlung des Glasgefäßes durch Konvektion und thermische Strahlung beinhaltet. Die folgenden Beschreibungen können diesen hohen Anspruch nicht erfüllen. Da essentielle Eigenschaften, wie beispielsweise das Emissions- und Absorptionsverhalten sowie das Konvektionsverhalten derzeit noch nicht quantitativ beschrieben werden können, ist die Modellierung bei dem derzeitigen Kenntnissstand nicht möglich. Um eine erste Übersicht der elektrischen Feldverteilungen in der Entladung zu erlangen, wird daher auf eine Beschreibung des Plasmas als isotropes Medium mit einheitlicher Temperatur zurückgegriffen.

In diesem Kapitel soll das Verhalten der Oberflächenwelleneinkopplung in Abhängigkeit von der Plasmatemperatur gezeigt werden. Hierzu wurde auf FEM Simulationen zurückgegriffen. Zur Erstellung der Simulationen wurde das Programm Comsol 3.5a genutzt.

Für die Simulation wurde auf die CAD-Daten der Konstruktion des Surfatrons und der Lampen zurückgegriffen, die mittels Catia V5 R19 erstellt wurden. Die Geometrie wurde aus Catia in Iges-Dateien exportiert, die von Comsol eingelesen werden konnten. Um Fehler auf Geometrieebene zu vermeiden, wurden die so importierten Geometrien vor der Weiterverarbeitung mittels der „Reparieren" Funktion von Comsol auf eine absolute Genauigkeit von 10^{-5} m geglättet.

Um die Geometrie des Surfatrons und der Lampe wurde ein zylindrisches Medium platziert, welches die komplette Geometrie bis auf das äußere Ende der Zuleitung des Surfatrons umschließt. Dem Volumen des Mediums wurden die dielektrischen Eigenschaften von Luft zugeschrieben. Die Ränder des Mediums wurden als angepasster Rand mit der durch das elektrische Feld gegebenen Eigenmode ausgeführt, um Leistungsreflektionen an den Rändern zu verhindern.

Die Surfatrongeometrie wurde als Gebiet mit den dielektrischen Eigenschaften von Kupfer angenommen. Die Begrenzung der Struktur wurde als Kontinuität angenommen.

Dem Glas der Lampe wurden die dielektrischen Volumeneigenschaften von Quarzglas zugeschrieben. Die Ränder wurden als Kontinuität angenommen, um Reflexionen der Mikrowelle zu vermeiden.

Das Plasma wurde als homogenes Medium mit den einheitlichen dielektrischen Eigenschaften für eine mittlere Temperatur angenommen. Die dielektrischen Konstanten wurden den Berechnungen aus

Modell 1 (siehe Kapitel 5.1) übernommen. Die Übergabe der Werte geschah dabei über die realen Komponenten der Leitfähigkeit σ_r und der Permittivität ϵ_r. Zu Grunde gelegt wurde dabei eine Lampenfüllung mit einem Argon Kaltfülldruck von $P_{Ar} = 60\,\text{mbar}$ und einer Indiumiodidkonzentration von $C_{InI} = 4\,\text{mg/cm}^3$.

Der Eintrag der Mikrowelle in das System wurde über einen koaxialen Port an der Schnittebene zwischen Surfatronzuleitung und dem Luftmedium realisiert.

Die Gebietsbedingungen sowie die Randbedingungen sind in Tabelle 8.1 bzw. Tabelle 8.2 zusammengefasst.

Die dielektrischen Eigenschaften des Plasmas sind in Tabelle 8.3 zusammengefasst.

Mit dem Programm Comsol Multiphysics 3.5a lassen sich zwar sehr komplexe Modelle miteinander koppeln, dennoch konnten in dem vorliegenden Fall kein in sich geschlossenes Modell gebildet werden, dass die Erwärmung sowie die Abstrahlung der Entladung berücksichtigt, da weder der Wärmetransport über die Strahlung noch der Energieverlust über Abstrahlung der Lampe berücksichtigt werden können. Daher wurde lediglich die elektrische Feldverteilung bei verschiedenen homogenen Plasmatemperaturen ermittelt. Diese wurden für den Leerlauf, sowie die Temperaturen von $1500°C$, $2000°C$, $2500°C$ und $3000°C$ simuliert. Die Ergebnisse der Simulationen sind in Abbildung 8.1 dargestellt. Die Schnittebene befindet sich dabei lotrecht zur koaxialen Zuleitung und verläuft durch den Mittelpunkt der Lampe.

Die Simulation des Leerlaufs (Abbildung 8.1 b), bei dem zwar der Lampenkörper vorhanden ist, in dem allerdings lediglich ein Vakuum angenommen wurde, entspricht dem Betrieb vor der Zündung der Lampe. Dieser ist vergleichbar mit der Simulation komplett ohne Lampenkörper (vgl. Abbildung 6.2 in Kapitel 6.1.2).

Tabelle 8.1: Gebietsbedingungen der Komponenten

	Material	Leitfähig-keit σ_r [S/m]	Permit-tivität ϵ_r	Perme-abilität μ_r
Surfatron	Kupfer	$5{,}998 \cdot 10^7$	1	1
Glaskörper	Quarzglas	0	4,2	1
Luftvolumen	Luft	0	1	1

Tabelle 8.2: Randbedingungen der Struktur

Grenzfläche	Randbedingung
Kupfer-Luft	Kontinuität
Glas-Luft	Kontinuität
Glas-Plasma	Kontinuität
Modellgrenze	angepasster Rand
koaxiale Zuleitung	koaxialer Port

Tabelle 8.3: Gebietsbedingungen des Plasmas

	Material	Leitfähig-keit σ_r [S/m]	Permit-tivität ϵ_r	Perme-abilität μ_r
Leerlauf	Vakuum	0	1	1
1500°	Plasma	0,045	0,976	1
2000°	Plasma	3,11	−0,40	1
2500°	Plasma	45,35	−16,9	1
3000°	Plasma	266,2	−11,64	1

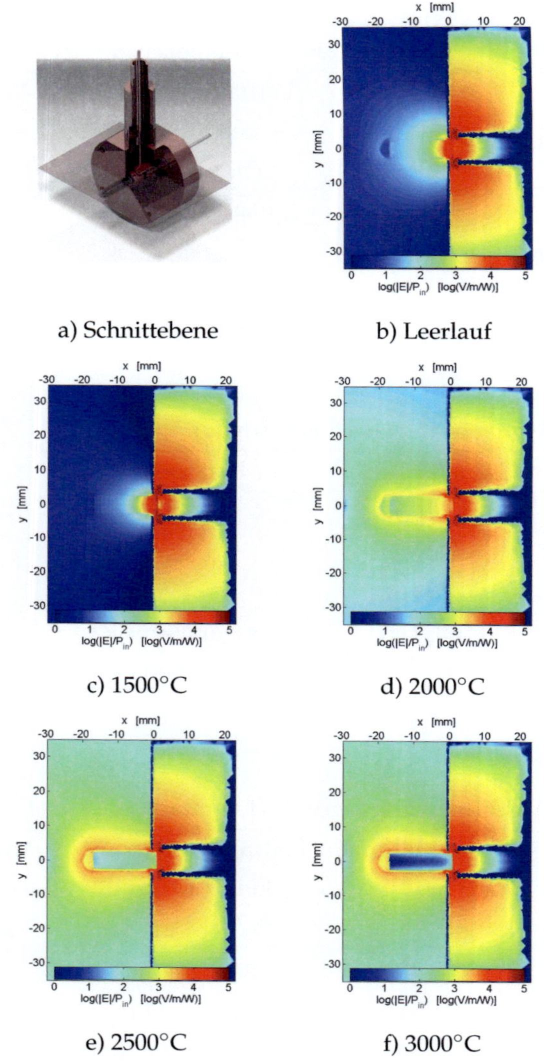

Abbildung 8.1: **FEM Simulationen zur Ausbreitung von Oberflächenwellen auf Indiumiodidentladungen;** Die Abbildung zeigt die Verteilung des elektrischen Feldes im Surfatron, der Entladung und der Umgebung für verschiedene Plasmatemperaturen.

Mit der Erhöhung der Plasmatemperatur lassen sich zwei Aussagen treffen. Das elektrische Feld wird entlang der Entladung geleitet, wodurch sich erheblich höhere Feldkomponenten außerhalb der Surfatronstruktur ergeben. Weiterhin wird das elektrische Feld selbst aus der Entladung verdrängt, wodurch ein Leistungseintrag bevorzugt über die Randbereiche erfolgt.

Als wesentliches Resümee kann festgehalten werden, dass die Verwendung des Surfatrons auch in Hochdruckentladungen genutzt werden kann. Jedoch muss in diesem Fall eine entscheidende Bedingung an die Entladung gestellt werden. Diese muss schon bei mittleren Temperaturen bis $T = 3000°C$ eine hohe Leitfähigkeit aufweisen, um die Entladung außerhalb der Surfatronstruktur aufrecht zu erhalten.

Diese Forderung ist verglichen mit elektrodenbehafteten Lampen eher untypisch, da bei diesen im Generellen eine niedrige Leitfähigkeit erwünscht wird, um die strombedingte Belastung der Elektrodendurchführungen zu minimieren.

Experimentell kann beobachtet werden, dass Entladungen basierend auf Quecksilber, Zinkiodid oder Schwefel, die eine niedrigere Leitfähigkeit aufweisen nicht betrieben werden konnten. Die Leistungsaufnahme der Entladung im Inneren des Surfatrons führte dabei immer zu einer Zerstörung des Entladungsgefäßes. Eine Ausbreitung der Plasmasäule außerhalb des Surfatrons konnte dabei nicht beobachtet werden.

8.2 ABSCHÄTZUNG DES LICHTSTROMS

Die Abstrahlcharakteristik der verwendeten Lampen wurde wie in Kapitel 6.4.1 beschrieben durchgeführt. Im Vordergrund der Messungen stand dabei die Bildung eines Faktors zum Umrechnen der Beleuchtungsstärken auf einem Detektors in die proportionalen Lichtströme. Da es sich um Messungen im Labormaßstab handelt, spielt die Unsicherheit der Messungen bis hin zu $0,1\%$, die in photometrischen Messeinrichtungen für kommerzielle Lampensysteme als Standard gesetzt werden, eher eine untergeordnete Rolle. Die Lichtströme sollen daher lediglich abgeschätzt werden.

Eine große Fehlerquelle bei der Vermessung der Abstrahlcharakteristik liegt in der Regelung der in die Lampe eingekoppelten Leistung. Da während den Messungen ein Detektor um die Lampe herum geführt werden muss, beansprucht dies einige Zeit (etwa $2\,\mathrm{min} - 5\,\mathrm{min}$). In diesem Zeitintervall waren Schwankungen der Leistung von bis zu $\pm1,5\%$ vom Einstellwert der Leistung beobachtbar. Um das System nicht mit Leistungssprüngen zu beaufschlagen, wurde auf ein Nachregeln der Leistung verzichtet.

Um einen einheitlichen Faktor zwischen der Beleuchtungsstärke und dem Lichtstrom zu bilden, muss zunächst sichergestellt werden, dass die jeweiligen Profile der Abstrahlcharakteristik unabhängig von den veränderlichen Parametern der vermessenen Lampen sind. Aus diesem Grunde wurden die Parameter variiert und der Einfluss auf die Abstrahlcharakteristik vermessen.

8.2.1 EINFLUSS DER ENTLADUNGSPARAMETER AUF DIE ABSTRAHLCHARAKTERISTIK

Als zu variierende Parameter wurden die Leistung, die in die Entladung eingekoppelt wurde und die Lampenfüllung gewählt.

Abbildung 8.2 zeigt die auf den $90°$-Wert normierten Abstrahlprofile in Abhängigkeit des Beobachtungswinkels für unterschiedliche Lampenfüllungen und in die Entladung eingekoppelte Leistungen. Dabei handelt es sich um einen Auszug der insgesamt vermessenen Lampen, die alle vergleichbare Ergebnisse aufweisen. Erkennbar ist eine Abnahme der Reproduzierbarkeit Messsignals vom $90°$-Wert (der als Normierungspunkt gewählt wurde) ausgehend zu niedrigeren Winkeln hin. Der starke Abfall des Signals für Winkel größer als $90°$ ist durch die Verschattung des Lichts durch das Surfatron bedingt. Die Standardabweichung der normierten Detektorbestrahlungsstärke bei einer Lampe und verschiedenen Leistungen liegt durchschnittlich zwischen $\sigma_E = 1{,}4\%$ und $\sigma_E = 2{,}5\%$ und somit innerhalb der Unsicherheit der eingekoppelten Leistungen. Die Unterschiede in den Abstrahlcharakteristiken bei verschiedenen Leistungen können durch den Drift der eingespeisten Leistung während der Messdauer erklärt werden. Eine signifikante Änderung der Abstrahlcharakteristik mit der Betriebsleistung wurde nicht beobachtet.

Werden die Abstrahlcharakteristiken unterschiedlicher Lampen verglichen, so sind diese im Winkelbereich zwischen $35°$ und $100°$ vergleichbar. Lediglich im Bereich zwischen $-10°$ und $+10°$ ist eine starke Änderung zu beobachten. Der Vergleich zweier Lampen mit gleichen Füllungen führt zu vergleichbaren Ergebnissen. Da der Winkelbereich dem Abstrahlbereich der aus dem Surfatron herausragenden Lampenspitze entspricht, kann dieses Verhalten durch geometrische, fertigungsbedingte Abweichungen der Abschmelzstelle erklärt werden. Eine darüber hinausgehende Änderung der Abstrahlcharakteris-

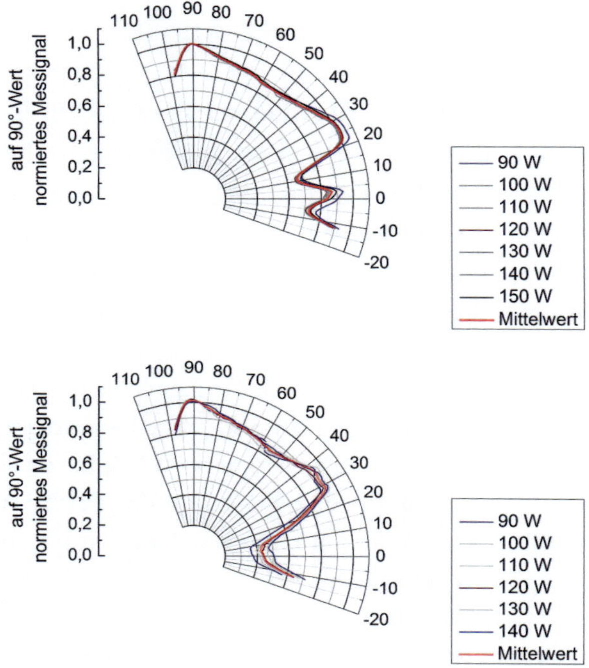

Abbildung 8.2: Abstrahlcharaktersitik in Abhängigkeit der in die Entladung eingekoppelten Leistung; Die Abbildung zeigt die auf den 90°-Wert normierte Abstrahlcharaktersitik in Abhängigkeit der in die Entladung eingekoppelten Leistung für Lampen mit einer mit Argon gepufferten Indiumiodidfüllung von $4,4\,\mathrm{mg/cm^3}$ (o.) und $13,2\,\mathrm{mg/cm^3}$ (u.). Erkennbar ist ein vergleichbares Verhalten für die verwendeten Leistungen und Füllungen im Winkelbereich zwischen 35° und 100°. Die Abweichungen zwischen den verschiedenen Lampen im Winkelbereich zwischen $-10°$ und $+10°$ ist dabei nicht abhängig von der jeweiligen Konzentration sondern von der Ausprägung der Abschmelzstelle der konkreten Lampe, die fokussierend für das Licht wirkt.

tik durch die konvektionsbedingte Krümmung der Entladung oder ähnliches sollte auch in dem übrigen Winkelbereich erkennbar sein. Dies konnte nicht beobachtet werden. Eine signifikante Änderung der Abstrahlcharakteristik mit den Betriebsparametern und Füllungen der Lampen konnte nicht gefunden werden und wird im Folgenden vernachlässigt.

8.2.2 ABHÄNGIGKEIT DES STRAHLUNGSFLUSSES VON DER BESTRAHLUNGSSTÄRKE AM SPEKTROMETERMESSKOPF

Zur Bestimmung des Strahlungsflusses wurden die gonioradiometrischen Messdaten wie in Kapitel 6.4.1 beschrieben ausgewertet. Der Auswertebereich der Daten lag dabei zwischen $0°$ und $100°$. Für jede Messung konnte der spektrale Strahlungsfluss, bzw. der Lichtstrom des Lampen-Surfatron-Systems bestimmt werden.

Zur Bestimmung eines konstanten Umrechnungsfaktors F_U nach Formel 6.4 kann das Oberflächenintegral gelöst werden. Da die in den Messungen verwendeten Abstände größer als die photometrische Grenzentfernung gewählt wurden, können die so erhaltenen Faktoren zur Skalierung auf beliebige Detektorabstände auf das Quadrat des Messkopfabstands des Spektrometers normiert werden.

Die größte Unsicherheit hierbei liegt in dem Einfluss der Abschmelzstelle (vgl. Abbildung 8.2), da dieser eine Abweichung von der Zylindersymmetrie darstellt. Der Einfluss erstreckt sich dabei lediglich über einen kleinen Winkelbereich an der Spitze der Lampe und kann an der Position des Spektrometermesskopfes vernachlässigt werden. Da es sich bei den Messfehlern, bedingt durch die Abschmelzstelle, um rein geometrische zufällige Abweichungen handelt, kann die Bestimmung des Konversionsfaktors über eine Vielzahl von Messungen stattfinden, sofern die Abstrahlcharakteristik unabhängig von den jeweiligen Betriebsparametern der Lampe ist. Dies wurde bereits im vorangehenden Kapitel 8.2.1 gezeigt.

Um einen einheitlichen Faktor für alle Lampen zu bestimmen, wurde die Messung an insgesamt zwölf Lampen mit unterschiedlichen Füllungen und Betriebsleistungen in 100 Einzelmessungen durchgeführt. Aus allen Einzelmessungen an einer Lampe wurde der Mittelwert mit den dazugehörigen Standardabweichungen bestimmt. Die auf das Abstandsquadrat normierten Konversionsfaktoren sind in Abbildung 8.3 dargestellt.

Aus dem Mittel des Ergebnisses der Messreihen der einzelnen Lampen ergibt sich der normierte Konversionsfaktor zu $7,04$ mit einer Standardabweichungen von $\sigma = 0,39$. Dementsprechend kann der Strahlungsfluss und der Lichtstrom des Surfatron-Lampen-Systems aus den Daten der spektralen Bestrahlungsstärken unter $90°$ Beobachtungswinkel direkt bestimmt werden.

8.2.3 KORREKTUR OPTISCHER VERLUSTE

Bislang wurden der Lichtstrom und der Strahlungsfluss des Lampe-Surfatron-Systems bestimmt. Da es sich jedoch um einen Laboraufbau handelt, beinhaltet die Messungen einige optische Verluste, die für eine Umsetzung in ein kommerzielles System verringert werden müssten. Zum einen ist die Verschattung des Lichts durch das Surfatron recht hoch. Die Strahlung wird nur zum Teil von der Messingoberfläche reflektiert und lichttechnisch nutzbar gemacht. Zur Erhöhung des Systemwirkungsgrades muss die Reflexion so groß wie möglich sein. Wird die Summe der diffusen und der gerichteten Reflexion von

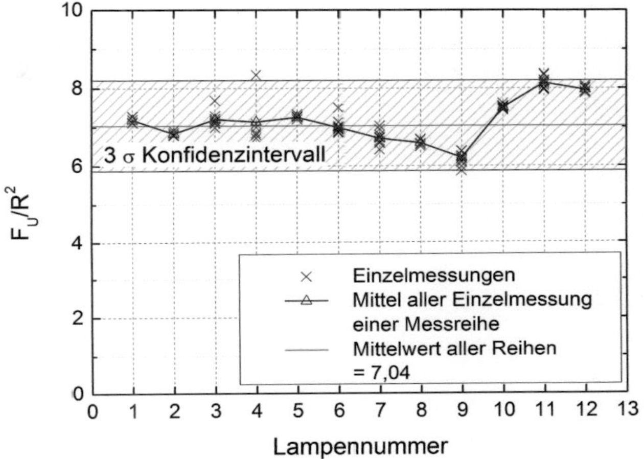

Abbildung 8.3: Auf den Abstand normierte Konversionsfaktoren zwischen Detektorbeleuchtungsstärke und Lichtstrom des Surfatron-Lampen-Systems; Die Abbildung zeigt die auf den Detektorabstand normierten Konversionsfaktoren für die vermessenen Lampen. Erkennbar ist ein Schwanken um den Mittelwert von $7,04$ mit einem Konfidenzintervall von $\pm 1,17$.

Messing im sichtbaren Spektralbereich betrachtet (siehe Abbildung 8.4), so ist diese mit im Mittel mit 22% eher schlecht. Diese kann ohne weitere Probleme durch ein Verspiegeln der Vorderseite angehoben werden. Um Vergleichbarkeit mit kommerziellen Lampen zu erzielen, kann dieser Einfluss korrigiert werden.

Vergleicht man den experimentell bestimmten, normierten Konversionsfaktor von $F_u/R^2 = 7,04$ mit dem theoretisch berechneten normierten Konversionsfaktor einer idealen Punktlichtquelle $F_{u,p}/R^2 = 7,66$, deren vordere Hemisphäre komplett, die hintere jedoch lediglich mit

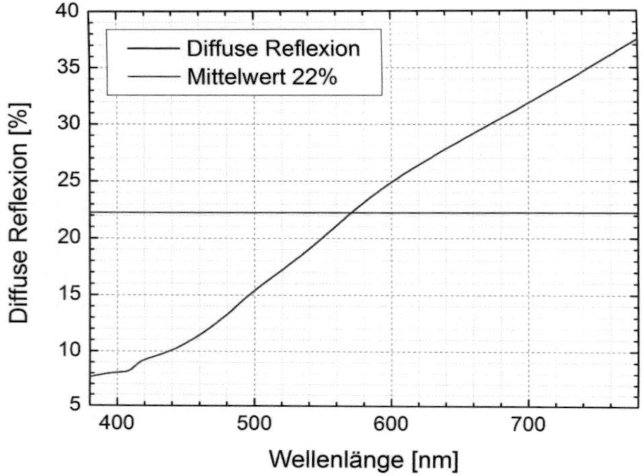

Abbildung 8.4: Reflexionsverhalten von Messing; Die Abbildung zeigt das Reflexionsverhalten von oxidiertem Messing. Die Messung der direkten und der diffusen Reflexion erfolgte mit einem gerichteten einfallenden Lichtstrahl mit einer Verkippung von 3° zum Lot der Proben unter Verwendung einer Ulbrichtkugel.

der Kupferreflexion eingeht, so fällt auf, dass die Abweichung klein ist. So liegt der theoretisch gebildete Wert im Konfidenzintervall des messtechnisch bestimmten Wertes. Des Weiteren weichen die Werte um etwa 8% voneinander ab, was innerhalb der messtechnischen Toleranzen des Messsystems von etwa 13% - 18% [1] liegt.

---

[1] Ergibt sich aus 5% Genauigkeit der Kalibrierquelle des Spektrometers, 3% der driftbedingten Genauigkeit der Betriebsleistung sowie der abgeschätzten 5% - 10% Genauigkeit durch Abweichungen von der Rotationssymmetrie

Innerhalb der Messunsicherheiten des Systems kann die reine Lampe ohne den Einfluss des Surfatrons bei den gewählten Abständen also in guter Näherung als Punktlichtquelle angesehen werden. Messtechnisch hat dies pragmatische Auswirkungen. Wird der Beobachtungswinkel so gewählt, dass die Reflexion der Kupferoberfläche möglichst geringen Einfluss hat, kann der Strahlungsfluss und der Lichtstrom über den normierten Konversionsfaktor von $F_U/r^2 = 4\pi$ abgeschätzt werden. Aus geometrischen Überlegungen folgt der geringste Einfluss der Reflexion bei einem Beobachtungswinkel von $90°$.

Zur Bestimmung der Lichtströme und den Strahlungsflüssen wird im Folgenden immer die Näherung als Punktlichtquelle durchgeführt.

8.3 Auswahl des Leuchtgases

In Kapitel 4 wurden die Auswahlkriterien möglicher Lampenfüllungen bereits diskutiert. Aufgrund der dort beschriebenen Randbedingungen wurden drei mögliche Füllungen, die als Leuchtgase in Frage kommen, ausgewählt. Diese sind Indiumiodid (InI), Magnesiumiodid (MgI_2), und Germaniumiodid (MgI_4). Im Folgenden sollen die spektralen Eigenschaften sowie die Betriebseigenschaften der jeweiligen Entladung untersucht werden, die zu einer Auswahl eines Materials zur weiteren Verwendung führen.

Um Fehlinterpretationen durch die Füllmengenvariation zu vermeiden, wurden alle Experimente zur Auswahl des Leuchtgases mit der niedrigsten reproduzierbar einstellbaren Füllmenge durchgeführt, die zu einem Anheben der Kontinuumsstrahlung führte. Dies war im Falle des Indiumiodids und des Germaniumiodids eine Füllmenge von $m_f = 1\,$mg und im Falle des Magnesiumiodids eine Füllmenge von $m_f = 3\,$mg. Dies führt in den verwendeten Lampen zu Volumenkonzentrationen von $C = 4,4\,$mg/cm^3 respektive $C = 13,2\,$mg/cm^3.

Basierend auf den hohen Dampfdrücken von Indium- und Germaniumiodid (vgl. Abbildung 4.3) und der geringen Füllmenge kann in beiden Fällen von einem ungesättigten Betrieb ausgegangen werden. Im Falle des Magnesiumiodids wird der ungesättigte Betrieb nicht erreicht.

Die Mikrowellenversorgung als auch die Messung der Mikrowellenleistungen wurden für die folgenden Experimente wie in Kapitel 6.3 beschrieben realisiert.

Die Messungen der Bestrahlungsstärke erfolgte mit einem auf absolute spektrale Bestrahlungsstärke kalibrierten Spektrometer (Instrument Systems, Spectro 320 D) in unterschiedlichen Abständen. Die Bestimmung des Lichtstroms geschah dabei nach Formel 6.4 mit dem in Kapitel 8.2 bestimmten Konversionsfaktor zwischen Lichtstrom und Bestrahlungsstärke von $F_u = 4\pi r^2$, was dem theoretischen Wert einer idealen, isotropen Punktlichtquelle entspricht.

Sofern nicht explizit angegeben, wurden die Lampen in vertikaler Brennerlage betrieben.

8.3.1 SPEKTRALES VERHALTEN VON INDIUMIODIDFÜLLUNGEN

Die mikrowellenbetriebene Indiumiodidentladung ist spektral durch einen hohen Anteil an Kontinuumsstrahlung geprägt, der für die verwendeten Lampendrücke von etwa $p_{Lampe} = 1\,\mathrm{bar}$ eher atypisch für Hochdruckentladungslampen ist. Das Kontinuum erstreckt sich dabei bis weit ins Infrarote (vgl. Abbildung 8.5).

Neben der Kontinuumsstrahlungstrahlung kann eine Vielzahl von Emissionslinien detektiert werden. Diese sind vorwiegend dem Indium zuzusprechen. Darüber hinaus können einige Linien, die durch

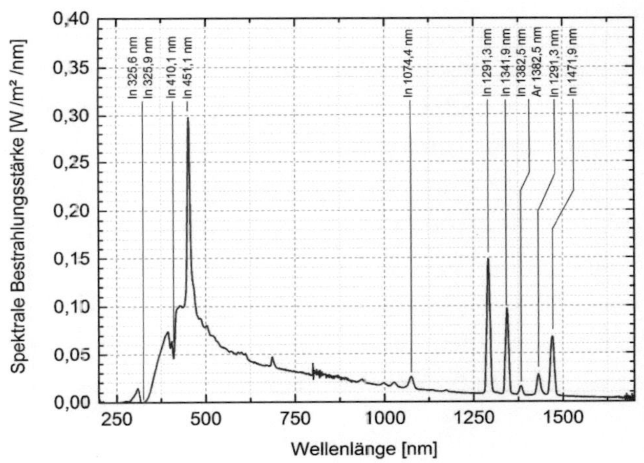

Abbildung 8.5: Spektrum der mikrowellenangeregten mit Argon gepufferten Indiumiodidentladung; Die Abbildung zeigt das typische Spektrum der mit Argon gepufferten mikrowellenangeregten Indiumiodidentladung. In dem vorliegenden Fall wurde eine Entladung mit einer Indiumiodidkonzentration von $C_{InI} = 4,4\,\mathrm{mg/cm^2}$ betrieben. Als Startgas wurde Argon (Kaltfülldruck $p_{Ar} = 63\,\mathrm{mbar}$) verwendet. Die Nettoleistung der Mikrowelle lag während der spektralen Messung bei $P_{net} = 100\,\mathrm{W}$. Der Detektorabstand zur Lampenmitte betrug $r_{Det} = 200\,\mathrm{mm}$. Für die Zuordnung der Linien wurde [69] verwendet.

Reabsorption beeinflusst sind, detektiert werden. Diese sind ebenfalls bevorzugt der atomaren Linienstrahlung des Indiums zuzuordnen. Die nicht durch Linienemission erklärbare selbstinvertierte Linie bei etwa $\lambda = 400\,$nm wurde dem molekularen Indiumiodid zugeordnet, wie in Kapitel 9.3 gezeigt werden wird.

Der UV-Anteil der Entladung ist durch die stark reabsorbierte Doppellinie bei $\lambda = 325,6\,$nm und $\lambda = 325,9\,$nm stark verringert. Da sichtbares Licht erzeugt werden soll, ist dies vorteilhaft für die Lichtausbeute der Entladung. Im Infraroten Spektralbereich zwischen $\lambda = 1250\,$nm und $\lambda = 1500\,$nm können fünf stark ausgeprägte Linien beobachtet werden, die dem Indium und dem Argon zugeschrieben werden können. Die Linienemission und die Kontinuumsstrahlung im Infraroten sind zwar wissenschaftlich interessant[2], jedoch tragen sie nicht zur Lichtausbeute bei und müssen als Verluste betrachtet werden.

Bei niedrigen Leistungen führt die ausgeprägte Indium-Resonanzlinie bei $\lambda = 451,1\,$nm zu einem blaustichigen Spektrum. Bei hoher Belastung der Entladung von mehr als $P_{net} = 120W$ beginnt die Linie zu invertieren. In diesem Fall können sehr hohe Farbwiedergaben im Bereich von $CRI = 92$ bis $CRI = 95$ beobachtet werden. Der Farbort wandert dabei durch das Ausbilden eines stark ausgeprägten roten Flügels vom Blauen ins Rötliche.

---

[2]Zu Beginn der Arbeiten war die Ursache der Kontinuumsstrahlung unbekannt. Darüber hinaus sind die Indiumlinien im IR zwar bekannt, aber so selten untersucht, dass bislang keine Einsteinkoeffizienten für diese Linien bestimmt werden konnten (vgl. [69]).

8.3.2 Spektrales Verhalten von Germaniumiodidfüllungen

Auch im Falle der mikrowellenbetriebenen Germaniumiodidentladung kann im Spektrum ein ausgeprägtes Kontinuum beobachtet werden (vgl. Abbildung 8.6). Im Vergleich mit dem Spektrum der Indiumiodidentladung ist der Anteil der atomaren Linienstrahlung jedoch gering, was aufgrund der Stöchiometrie des Germaniumiodids allerdings zu erwarten war, da dieses zunächst viermal dissoziiert werden muss, bis Germanium als reines Atom vorliegt. Somit werden wesentlich höhere Leistungen benötigt, um atomare Linienstrahlung zu erzeugen.

Bis auf die Linie bei $\lambda = 670,8\,\text{nm}$[3], die von Verunreinigungen des Glases herrührt, können alle beobachteten Linien oberhalb von $\lambda = 360\,\text{nm}$ dem Germanium bzw. dem Argon zugeordnet werden. Die schwach ausgeprägten Linien unterhalb von $\lambda = 360\,\text{nm}$ können der Molekülemission des Iods zugeschrieben werden (vgl. [93]).

Das Spektrum vermittelt einen neutralweißen Farbeindruck mit Farbtemperaturen zwischen 4200 K und 4650 K im Leistungsbereich zwischen $P_{net} = 90\,\text{W}$ und $P_{net} = 100\,\text{W}$.

Aufgrund des geringen Anteils der Linienstrahlung ergibt sich für Leistungen zwischen $P_{net} = 90\,\text{W}$ und $P_{net} = 100\,\text{W}$ ein Farbwiedergabeindex von $CRI = 95 \pm 0,4$.

Verglichen mit der Indiumiodidentladung ist das Kontinuum schwächer ausgeprägt und rotverschoben. Darüber hinaus wird im UV-Bereich ab Wellenlängen von $\lambda = 250\,\text{nm}$ Strahlung von der Lampe emittiert. Der Strahlungsanteil im Infraroten ist vergleichbar mit dem der Indiumiodidentladung.

---

[3]Lithiumlinie

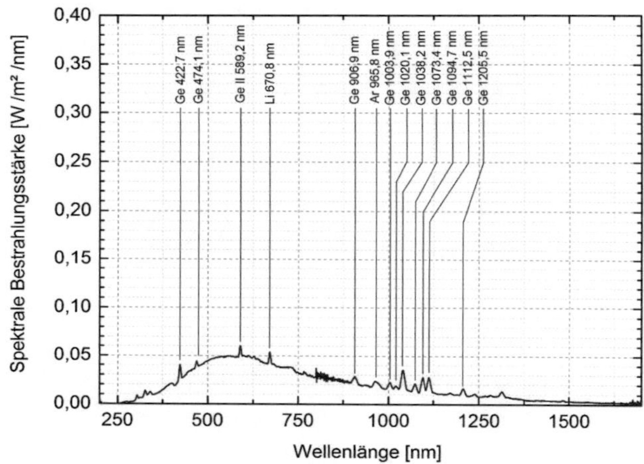

Abbildung 8.6: Spektrum der mikrowellenangeregten mit Argon gepufferten Germaniumiodidentladung; Die Abbildung zeigt das typische Spektrum der mikrowellenangeregten Germanium (IV) Iodid Entladung, sowie die Zuordnung der atomaren Linienstrahlung. Die Messung wurde an einer Entladung mit einer Germaniumiodidkonzentration von $C_{GeI_4} = 4,4\,\mathrm{mg/cm^3}$ bei einer Nettoleistung von $P_{net} = 100\,\mathrm{W}$ durchgeführt. Der Detektorabstand zur Lampenmitte betrug $r_{Det} = 200\,\mathrm{mm}$. Für die Zuordnung der Linien wurde [69] verwendet.

Die Emission im UV und IR muss auch bei dieser Entladung als Verlust bei der Lichterzeugung angesehen werden. Dieser ist im Vergleich mit der Indiumiodidentladung stärker ausgeprägt.

Ein Betrieb bei Leistungen von mehr als $P_{net} = 100\,\text{W}$ führte zur thermischen Zerstörung des Entladungsgefäßes am Fußpunkt der Lampe. Die Zerstörung ging mit einer Entglasung des Quarzglases einher, die sich über den Entladungsraum erstreckte.

8.3.3 SPEKTRALES VERHALTEN VON MAGNESIUMIODIDFÜLLUNGEN

Im Gegensatz zu den beiden vorangegangenen Lampenfüllungen ist bei der Verwendung von Magnesiumiodid die Linienstrahlung des atomaren Magnesiums dominant. Ein Kontinuum kann jedoch auch in diesem Falle beobachtet werden. Abbildung 8.7 zeigt das Spektrum der Magnesiumiodidentladung. Erkennbar ist ein starker Anteil von Linien im ultravioletten Spektralbereich, die teilweise dem Magnesium zugeschrieben werden konnten. Die Linie bei etwa $\lambda = 414\,\text{nm}$ kann nicht zugeordnet werden[4].

Für den sichtbaren Spektralbereich ist die Magnesium-Doppellinie bei $\lambda = 517,8\,\text{nm}$ und $\lambda = 518,4\,\text{nm}$ prägnant.

Im Infraroten wird das Spektrum im Wesentlichen durch die Kontinuumsstrahlung bestimmt, die lediglich von einigen Linien des Magnesiums und des Argons überlagert werden, die jedoch kaum zu dem Spektrum beitragen.

---

[4]Es handelt sich mutmaßlich um eine molekülbedingte Emmission in Analogie zu derjenigen des Indiumiodid, wie sie in dieser Arbeit gezeigt wurde (vgl. Kapitel 9.3).

Wie zuvor bei der Germaniumiodidentladung können die schwachen Spektrallinien unterhalb von $\lambda = 360\,\text{nm}$ dem molekularen Diiodid zugeordnet werden.

Das von der Lampe emittierte Licht vermittelt zwar aufgrund der vergleichsweise schwach ausgeprägten Kontinuumsstrahlung einen weißen Farbeindruck, der durch die Magnesium Doppellinie jedoch als grünstichig wahrgenommen wird. Dieses Verhalten führt zu einem kaltweißen Lichteindruck mit einer Farbtemperatur von 6800 K bei einer Nettoleistung von $P_{net} = 100\,\text{W}$. Die Farbwiedergabe des Systems ist mit einem Farbwiedergabeindex von $CRI = 87$ zwar recht hoch, dennoch wesentlich unterhalb dem der Indiumiodid- oder Germaniumiodidentladung.

Generell nimmt der Farbwiedergabeindex mit steigender Nettoleistung zu, wohingegen die Farbtemperatur abnimmt. Dies ist durch die Zunahme des Kontinuums zu erklären.

Wie zuvor bereits die Germaniumiodidentladung ließ sich auch die Magnesiumiodidentladung lediglich bis zu niedrigen Nettoleistungen betreiben. Im Experiment wurde eine maximale Leistung von $P_{net} = 105\,\text{W}$ erzielt.

Auch in diesem Falle ging die Zerstörung des Entladungsgefäßes mit der Entglasung des Quarzglases einher.

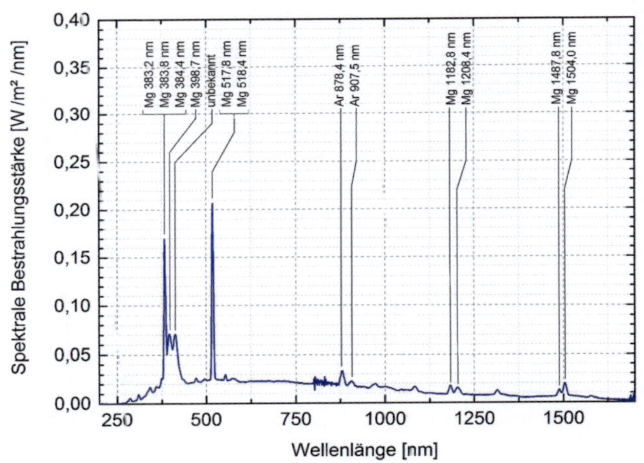

Abbildung 8.7: **Spektrum der mikrowellenangeregten mit Argon gepufferten Magnesiumiodidentladung;** Die Abbildung zeigt das Spektrum der mikrowellenangeregten Magnesiumiodidentladung. Die Füllungskonzentration der Lampe betrug hierbei $C_{MgI_2} = 13,2\,\mathrm{mg/cm^3}$. Der Detektorabstand betrug $r_{Det} = 200\,\mathrm{mm}$. Die Nettoleistung zum Betrieb der Entladung lag bei $P_{net} = 100\,\mathrm{W}$. Die Zuordnung der Linien wurde mittels [69] durchgeführt.

8.3.4 SPEKTRALES VERHALTEN DER MISCHUNG VON INDIUMIODID, GERMANIUMIODID UND MAGNESIUMIODID

Bislang wurden lediglich einfache Lampenfüllungen mit nur einer hauptsächlich zur Strahlung beitragenden Komponente verwendet. Um die Lichtausbeute der Lampen zu maximieren sind jedoch auch Gemische der Leuchtgase möglich.

Um das Zusammenspiel der drei untersuchten Komponenten zu beobachten, wurde die Mischform bestehend aus Indiumiodid, Germaniumiodid und Magnesiumiodid mit jeweils derselben Konzentration von $C = 4,4\,\mathrm{mg/cm^3}$ in eine Entladungskammer gefüllt. Zur Zündung wurde diese Konfiguration ebenfalls mit einem Argon Kaltfülldruck von $p_{Ar} = 62\,\mathrm{mbar}$ aufgepuffert.

Abbildung 8.8 stellt das Spektrum der Mischentladung den Spektren der einkomponentigen Entladungen gegenüber. Erkennbar ist ein additives Verhalten der drei Einzelkomponenten. So weist das resultierende Spektrum ebenfalls ein starkes Kontinuum auf, das sich mutmaßlich aus dem Kontinuum der Indiumiodid- und der Germaniumiodidentladung zusammensetzt.

Das Kontinuum wird dabei im ultravioletten Spektralbereich unterhalb $\lambda = 410\,\mathrm{nm}$ begrenzt. Die Begrenzung geschieht vor allem durch die starke Reabsorption des Magnesiums im Bereich der Magnesiumlinien oberhalb $\lambda = 383\,\mathrm{nm}$.

Die blaue Indium-Resonanzlinie bei $\lambda = 451,1\,\mathrm{nm}$ erscheint auch im Spektrum der Mischform. Allerdings ist diese wesentlich schwächer ausgeprägt wie in der reinen Indiumiodidentladung. Dagegen profitiert die Linienstrahlung der Germaniumentladung bei $\lambda = 589,3\,\mathrm{nm}$ von der Mischung. Die Spektrallinie bei $\lambda = 670,8\,\mathrm{nm}$ ist wie zuvor auf elementares Lithium aus Glasverunreinigungen zurückzuführen.

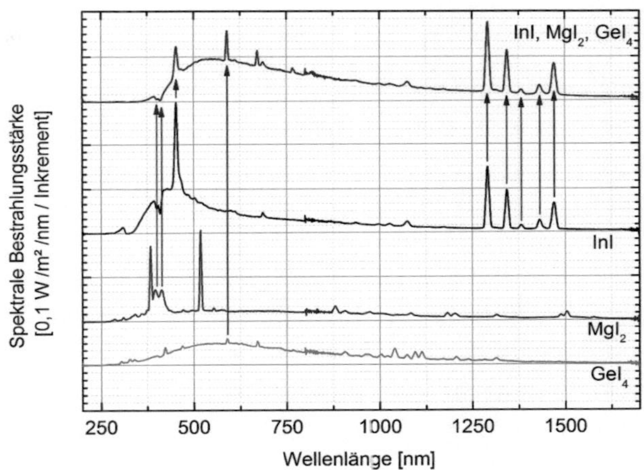

Abbildung 8.8: Zusammensetzung der Mischentladung bestehend aus Indiumiodid, Germaniumiodid und Magnesiumiodid; In der Abbildung werden die Spektren der reinen Entladungsformen von Indiumiodid, Germaniumiodid und Magnesiumiodid (vgl. Abbildung 8.5, 8.7 und 8.6) dem Spektrum der Mischform gegenübergestellt. Verwendet wurde dabei eine Konzentration von $C = 4,4\,\mathrm{mg/cm^3}$ für jede einzelne Spezies. Das Spektrum wurde bei dem Betrieb mit einer Nettoleistung von $P_{net} = 100\,\mathrm{W}$ erzeugt. Der Detektorabstand betrug $r_{Det} = 200\,\mathrm{mm}$.

Das von der Mischform emittierte Licht ist neutralweiß mit einer Farbtemperatur zwischen 3900 K und 5000 K mit Farbwiedergabeindizes zwischen $CRI = 90$ und $CRI = 94$. Hierbei sind die höchsten Farbwiedergaben bei dem Betrieb der Entladung mit niedrigen Leistungen zu erreichen und nehmen mit zunehmender Leistung ab. Die Farbtemperatur fällt mit zunehmender Nettoleistung.

Die Änderung von Farbwiedergabe und Farbtemperatur mit der Leistung lässt sich durch die Rotverschiebung des Kontinuums mit steigender Leistung erklären, die mit einer gleichzeitigen Abnahme der Indium-Resonanzlinie bei $\lambda = 451,1\,\mathrm{nm}$ einhergeht.

Auch bei der Entladung der Mischform lässt sich ein Entglasen des Entladungsgefäßes feststellen. Durch die höhere Effizienz der Entladung findet dies bei höheren Leistungen von etwa $P_{net} = 110\,\mathrm{W}$ statt. Im Experiment konnte die Entladung bis maximal $P_{net} = 125\,\mathrm{W}$ betrieben werden. Eine Erhöhung der Leistung darüber hinaus führte, wie bei der reinen Germaniumiodid- und Magnesiumiodidentladung auch, zu der Zerstörung des Entladungsgefäßes.

8.3.5 VERGLEICH DER ENTLADUNGEN MIT UNTERSCHIEDLICHEN IODIDFÜLLUNGEN

Bisher wurden die spektralen Eigenschaften der untersuchten Leuchtgase beschrieben. Für die Entwicklung einer Lampe ist aber neben den spektralen Verteilungen des erzeugten Lichts die Menge des erzeugten Lichts für die meisten Anwendungen der wichtigere Parameter.

Um die einzelnen Leuchtgasfüllungen zu bewerten, werden zweckmäßigerweise die erzielten Lichtströme in Abhängigkeit der aufgenommenen Leistung betrachtet.

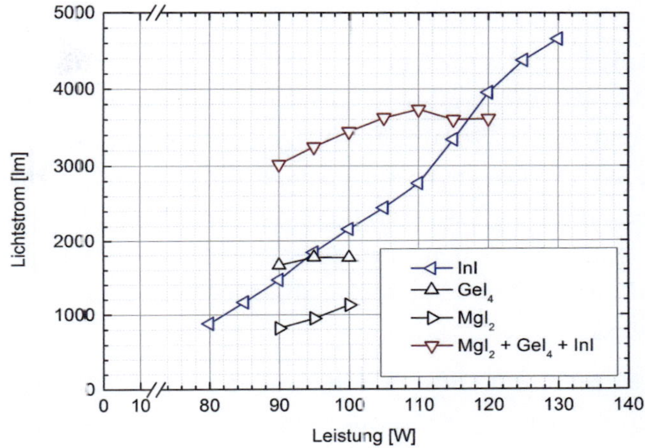

Abbildung 8.9: Gegenüberstellung der Lichtströme der verschiedenen Konfigurationen der Leuchtgase in Abhängigkeit der Leistung; Die Abbildung zeigt die Gegenüberstellung der Lichtströme der verschiedenen untersuchten Leuchtgase in Abhängigkeit mit der eingekoppelten Leistung. Für die Indiumiodidentladung und die Magnesiumiodidentladung ist ein Anstieg des Lichtstroms mit der Leistung zu erkennen, während dieser bei germaniumiodidhaltigen Füllungen bei höheren Leistungen einbricht.

In Abbildung 8.9 sind die gemessenen Lichtströme der Lampe über der Nettoleistung aufgetragen. Die Messungen hierzu wurden in $\Delta P_{net} = 5\,\mathrm{W}$ Schritten durchgeführt. Als niedrigste Leistung wurde jeweils diejenige gewählt, die notwendig war um das Entladungsvolumen vollständig mit einer Plasmasäule zu füllen und bei der keine Sprünge in der Leistungsreflexion der Mikrowelle mehr beobachtet werden konnten.

Für das Indiumiodid war dies bereits ab Leistungen von $P_{net} = 80\,W$ möglich. Für die anderen betrachteten Füllungen war jeweils eine Leistung von $P_{net} = 90\,W$ notwendig, um einen stabilen Betrieb zu realisieren. Die jeweils höchste aufgeführte Leistung lag bei der Magnesiumiodid-, Germaniumiodid und der Mischentladung jeweils bei der Leistung die noch nicht zu einer Zerstörung der Lampe führte. Die Indiumiodidmessung wurde abgebrochen bevor die Lampe zerstört wurde.

Die reine Magnesiumiodidentladung weist von allen Füllungen die niedrigsten Effizienzen auf. Darüber hinaus konnte die Entladung nur bis zu Leistungen von $P_{net} = 100\,W$ betrieben werden, ohne das Entladungsgefäß zu schädigen. Aus diesen Gründen wurde diese Füllung bei weiteren Untersuchungen nicht mehr berücksichtigt.

Bei allen Füllungen ist zunächst ein Anstieg des Lichtstroms mit der eingekoppelten Leistung zu erkennbar. Im Falle der germaniumiodid-haltigen Füllungen bricht dieser jedoch bei der reinen Germaniumi-odidentladung ab der Leistung von $P_{net} = 95\,W$ und bei der Mischent-ladung ab einer Leistung von $P_{net} = 110\,W$ ein.

Das Einbrechen des Lichtstroms bei höheren Leistungen ist durch die bereits beschriebene Entglasung des Entladungsgefäßes zu erklären. Beim Überschreiten einer Mindesttemperatur scheint das Germanium eine Reaktion mit der Wand einzugehen. Dies erhöht die Absorption des Glases beträchtlich, wodurch der Anteil des austretenden Lichts abnimmt. Bei der Mischform tritt dies später auf. Kann mehr Strahlung das Entladungsgefäß verlassen, so verbleibt weniger Leistung in der Lampe, die in Wärme umgewandelt wird. Bei steigender Effizienz wird die Mindesttemperatur für die Reaktion dadurch erst bei höheren Leistungen erreicht.

Die reine Germaniumentladung weist in ihrem nutzbaren Leistungsbereich zwar ähnliche Effizienzen auf, wie die Indiumiodidentladung, diese sind aber in dem möglichen Arbeitsbereich der Indiumiodidentladung eher niedrig. Daher wird auch diese Füllung für weitere Untersuchungen nicht mehr berücksichtigt.

Die Mischentladung ist vor allem in den niedrigen Leistungsbereichen effizienter als die anderen. Jedoch führt die Steigerung der Leistung kaum zu höheren Lichtströmen, wodurch die Effizienz beschränkt wird. Die Füllung wurde daher in dieser Arbeit ebenfalls nicht weiter berücksichtigt[5].

Die Indiumiodidentladung weist bei niedrigen Leistungen vergleichsweise niedrige Lichtströme auf. Durch die hohe Steigung der Lichtstrom-Leistungsabhängigkeit wird dies aber bei höheren Leistungen ausgeglichen. Ab einer Leistung von $P_{net} = 125\,\mathrm{W}$ zeigt die Indiumiodidentladung die höchsten Effizienzen bei den Untersuchungen zur Auswahl des Leuchtgases. Die Lichtausbeute der Indiumiodentladung, bezogen auf die Nettoleistung der Mikrowelle, lag hierbei bei $\eta = 36\,\mathrm{lm/W}$.

Darüber hinaus konnte bei der Verwendung von Indiumiodidfüllungen bei sinnvollen Nettoleistungen von $P_{net} = 100\,\mathrm{W}$ bis ca. $P_{net} = 140\,\mathrm{W}$ kein Entglasen der Lampe festgestellt werden. Oberhalb von $P_{net} = 140\,\mathrm{W}$ konnte die Entladung kurzzeitig betrieben werden (zwischen 3 min und 15 min), ohne dass das Quarzglas zerstört wurde. Der andauernde hochbelastete Betrieb führt auch hier zum Schmelzen des Quarzglases. Ein Entglasen kann in diesen Fällen nur in geringem

---

[5]Die Effizienz scheint hauptsächlich durch die Verwendung von Quarzglas als Entladungsgefäß beschränkt. Ein Wechsel zu Keramikbrennern könnte dies lösen. Allerdings müssen diese hinsichtlich thermischer Spannung homogen temperiert werden, was durch die einseitige Einkopplung mit der Surfatronstruktur nicht gewährleistet werden kann.

Maße direkt an der Koppelstelle der Mikrowelle beobachtet werden, was zwar auf ein Überhitzen des Glases schließen lässt, aber nicht auf eine chemische Reaktion des Glases mit den Füllmaterialien.

Für die weiteren Untersuchungen wurde das Indiumiodid als Leuchtgas gewählt und stellt damit die Basis der folgenden Schritte zur Optimierung der Lichtausbeute dar.

8.4 OPTIMIERUNG DER LICHTAUSBEUTE

Im Folgenden werden die Optimierungsschritte der indiumiodidbasierten Hochdruckgasentladung bezüglich der Lichtausbeute und der Farbwiedergabe beschrieben.

8.4.1 EINFLUSS DER INDIUM- UND ARGONKONZENTRATION AUF DIE ENTLADUNG

Um die Lichtausbeute des Gesamtsystems zu optimieren, wird sinnvollerweise zunächst die Grundkonfiguration des Systems, bestehend aus Indiumiodid und Argon, auf die maximal erreichbare Effizienz eingestellt.

Um das Maximum zu finden, wurde eine Variation des Argondrucks, sowie der Indiumiodidkonzentration durchgeführt. Die Ergebnisse sind im Folgenden beschrieben.

OPTIMIERUNG DES ARGONDRUCKS

Der Argon-Kaltfülldruck der Lampen wurde zwischen 30 mbar und 300 mbar variiert, wobei für alle Versuche eine Indiumkonzentration von $4,4\,\mathrm{mg/cm^3}$ gewählt wurde. Dabei konnte kein signifikanter Einfluss des Kaltfülldrucks auf die Lichtausbeute beobachtet werden.

Dennoch kann ein Arbeitsbereich des Argondrucks definiert werden. Für Kaltfülldrücke oberhalb von $p_{Ar,kalt} = 270\,\mathrm{mbar}$ konnte die Entladung nicht gezündet werden. Die Zündung fällt dabei mit niedrigem Druck erwartungsgemäß einfacher (vgl. Kapitel 4.1).

Unterhalb eines Argon Kaltfülldrucks von $p_{Ar,kalt} = 50\,\mathrm{mbar}$ konnte nicht mehr ausreichend Leistung in die Entladung eingespeist werden, um das Indiumiodid in ausreichender Menge zu verdampfen. Ein Hochlauf der Lampe war nicht möglich.

Als Kompromiss zwischen Zündfähigkeit und Lampenhochlauf wurde ein Argon Kaltfülldruck zwischen $p_{Ar,kalt} = 60\,\mathrm{mbar}$ und $p_{Ar,kalt} = 63\,\mathrm{mbar}$ für alle weitere Experimente gewählt.

OPTIMIEREN DER INDIUMKONZENTRATION

Für die Optimierung wurde eine Variation der Indiumiodidkonzentration bei einem Argon Kaltfülldruck von $p_{Ar,kalt} = 62\,\mathrm{mbar}$ durchgeführt. Als Lampenfüllungen wurde dabei auf kommerziell erhältliche Pillen mit Massen von $0,1\,\mathrm{mg}$ und $1\,\mathrm{mg}$ zurückgegriffen. Die Füllmengen beziehen sich auf das Volumen der Lampen.

Für niedrige Füllungskonzentrationen zwischen $C_{InI} = 0,5\,\mathrm{mg/cm^3}$ und $C_{InI} = 0,9\,\mathrm{mg/cm^3}$ war nur die reine Linienstrahlung zu beobachten. Die Lichtausbeuten bezogen auf die eingekoppelte Leistung sind dabei mit $\eta < 2\,\mathrm{lm/W}$ sehr niedrig. Für Konzentrationen zwischen $C_{InI} = 1,3\,\mathrm{mg/cm^3}$ und $C_{InI} = 4\,\mathrm{mg/cm^3}$ stellte sich kein stabiler Arbeitspunkt der Lampe ein. Dabei ist zu Beginn die reine Linienstrahlung des Indiums beobachtbar. Durch den ineffizienten Betrieb wird die Lampenwand aufgeheizt, was zu dem Verdampfen des Indiumiodids führt. Ist dies in ausreichendem Maße in der Gasphase vorhanden, schlägt die Entladung um. Die Effizienz nimmt dabei zu und der Lichteindruck wechselt vom Blau der Indiumlinie ins Weiße. Durch die höhere Effizienz kühlt die Lampe aus, was zu einem erneuten Niederschlag des Indiums führt. Die Entladung wechselt zur reinen Linienemission zurück. Auch für Betriebszeiten von mehreren Minuten bei Leistungen oberhalb von 100 W wurde der Kreislauf nicht durchbrochen.

Ein stabiler Betrieb der Entladung stellte sich bei höheren Konzentrationen ein. Die niedrigste stabil zu betreibende Indiumiodidkonzentration lag bei $c_{InI} = 4,4\,\mathrm{mg/cm^3}$.

Von dem Startpunkt des stabilen Betriebs ausgehend, wurde die Indiumiodidkonzentration weiter erhöht. Der Spektren der verschiedenen Indiumiodidfüllungen unterscheiden sich dabei qualitativ kaum von dem aus Abbildung 8.5. Lediglich die Höhe der spektralen Bestrahlungsstärke variiert. Auf eine Darstellung der vermessenen Spektren soll daher verzichtet werden.

Die Abhängigkeit des Lichtstroms von der in die Entladung eingekoppelten Leistung ist für Indiumiodidkonzentrationen von $c_{InI} = 4,4\,\mathrm{mg/cm^3}$, $c_{InI} = 8,8\,\mathrm{mg/cm^3}$ und $c_{InI} = 13,3\,\mathrm{mg/cm^3}$ in Abbildung 8.10 dargestellt. Erkennbar ist hierbei ein nahezu linearer Zusammenhang des Lichtstroms mit der eingekoppelten Leistung.

In Analogie zu den Originalarbeiten von Elenbaas [94], [95] und [96] über Quecksilberhoch- und -höchstdrucklampen, kann auch für die Indiumiodidentladung davon ausgegangen werden, dass die Steigung der Geraden im Wesentlichen durch thermische Verluste bestimmt ist. Der Schnittpunkt der extrapolierten Geraden durch die Messwerte mit der Abzisse ergibt die Verluste, die nicht thermischer Natur sind, wenn die Strahlung außerhalb des sichtbaren Bereichs ebenfalls verschwindet.

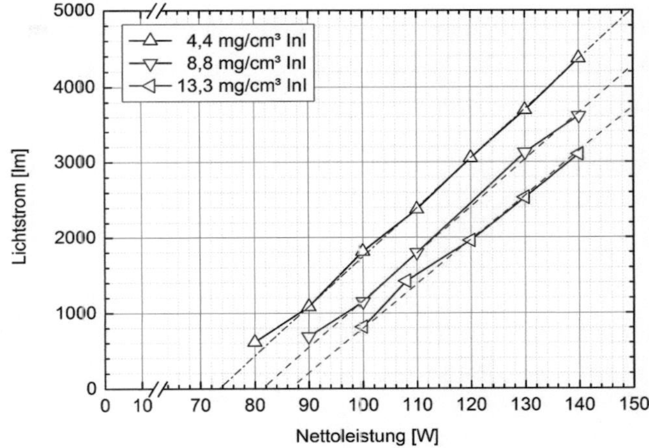

Abbildung 8.10: Abhängigkeit des Lichtstroms von der eingekoppelten Leistung für verschiedene Indiumiodidkonzentrationen; Die Abbildung zeigt die Lichtströme von mit Argon gepufferten Indiumiodidentladungen für Indiumiodidkonzentrationen von $C_{InI} = 4,4\,\mathrm{mg/cm^3}$, $C_{InI} = 8,8\,\mathrm{mg/cm^3}$ und $C_{InI} = 13,3\,\mathrm{mg/cm^3}$. Für alle Konzentrationen ist ein lineares Verhalten erkennbar. Die verschiedenen Konzentrationen sind dabei parallelverschoben. Die Nullleistung nimmt mit abnehmender Indiumiodidkonzentration ab.

Im Falle der reinen Indiumiodidentladung fällt auf, dass eine Änderung der Indiumiodidkonzentration näherungsweise zur Parallelverschiebung der Lichtstrom-Leistungskurven führt. Bei der Verringerung der Indiumiodidkonzentration geschieht diese Verschiebung hin zu höheren Lichtströmen, bzw. zu kleineren Leistungen. Die optimale Konfiguration bezüglich der Lichtausbeute stellt die Konfiguration mit der geringsten Indiumiodidkonzentration ($C_{InI} = 4,4\,\mathrm{mg/cm^3}$) dar, die stabil betrieben werden konnte.

Für die folgenden Untersuchungen der Additive wurde jeweils diese Konfiguration genutzt.

8.4.2 EINFLUSS VON DIIODID UND CERIODID AUF DIE LAMPENEIGENSCHAFTEN

Nachdem die Konfiguration der Entladung gefunden wurde, die ohne Zusatz von Additiven die höchste Effizienz bezüglich der Lichterzeugung aufweist, soll diese durch das Verwenden von Puffermaterialien weiter verbessert werden.

Die nichtthermischen Verluste der reinen mit Argon gepufferten Indiumiodidentladung sind auch in der effizientesten Konfiguration hoch. So wird etwas mehr als die Hälfte der eingekoppelten Leistung dazu verwendet, die Entladung aufrecht zu halten.

Da die emittierte Strahlung außerhalb des sichtbaren Spektralbereichs in gleichem Maße wie im sichtbaren Bereich abnimmt, treten die Verluste in der Extrapolation auf $\Phi_V = 0$ strahlungsfrei auf und müssen im Wesentlichen unabhängig von der Strahlungsentstehung sein. In diesem Fall muss die Ursache in den elektrischen Eigenschaften bzw. der Einkopplung der Mikrowelle in die Entladung gesucht werden.

Charakteristisch für die surfatronangeregte Hochdruckentladung ist eine schlagartige Änderung der Leistungsreflektion während des Lampenhochlaufs. Die Änderung geht einher mit dem Übergang vom Niederdruck in den Hochdruckbetrieb. Charakteristisch für den Übergang ist der Umschlag des Spektrums von der reinen Linienemission zur Kontinuumemission.

Wird dieser Übergang bei niedrigeren Leistungen vollzogen, kann die Zusatzleistung verringert werden. Um den Übergang zum Hochdruckbetrieb bei möglichst niedrigen Leistungen zu vollziehen, kann der Lampendruck erhöht werden. Dies wurde experimentell über den Zusatz von elementarem Diiodid in einer Konzentration von $C_{I_2} = 5,3\,\mathrm{mg/cm^3}$ realisiert. In den beigefügten Mengen verdampft das Diiodid durch geringste Temperaturerhöhungen nach dem Zünden der Entladung nahezu instantan, und sorgt bereits im Hochlauf der Lampe für sehr hohe Dampfdrücke (vgl. I_2 Dampfdrücke 4.8). Da das Diiodid auch bei Raumtemperatur bereits hohe Dampfdrücke aufweist, mussten die Lampen zur Zündung gekühlt werden. Nach der Zündung liefen die Lampen schnell hoch, so das ein „instant on" Eindruck entstand.

Eine weitere Möglichkeit zur Verringerung der Offsetleistung besteht in der Erhöhung der Leitfähigkeit der Entladung. Wie in Kapitel 8.1 bereits gezeigt wurde spielt die Leitfähigkeit eine entscheidende Rolle in der Ausbildung von Oberflächenwellen bei Indiumiodidentladungen. Wie aus Abbildung 8.1 ersichtlich werden bei der Indiumiodidentladung mittlere Temperaturen von über $T = 2000°\mathrm{C}$ benötigt, um den Transport des elektrischen Feldes als Oberflächenwelle zu realisieren. Unterhalb der Temperatur bildet sich im Wesentlichen eine elektrische Feldüberhöhung am Fußpunkt der Entladung aus.

Um die Entladung schon bei geringen Temperaturen zu homogenisieren, muss die Leitfähigkeit erhöht werden. Dies kann, wie in Kapitel 4.4 beschrieben, über den Zusatz von Ceriodid geschehen.

Im Experiment wurden der Entladung Spuren von Ceriodid in Konzentrationen von $C_{CeI_3} = 1,3\,\mathrm{mg/cm^3}$ beigemengt. Entsprechend den niedrigen Dampfdrücken des Ceriodids, wurde dieses gesättigt betrieben. Die Zündung der Entladung war ohne zusätzliches Kühlen der Lampe möglich.

Während der Untersuchungen wurde ein Niederschlag des Ceriodids auf der Innenwand der Entladungsgefäße im Betrieb beobachtet. Dieser Niederschlag verschattet einen Teil des von der Entladung ausgesandten Lichts. Der Niederschlag an der Wand verschwand nach längeren Betriebszeiten der Lampe von etwa 15 min und wurde an die Abschmelzstelle der Lampe umgelagert, die den Coldspot des Systems darstellt. Um den Niederschlag an der Gefäßwand zu unterbinden wurden die Füllungsmaterialien nach der Lampenfertigung (vgl. Kapitel 6.2) an der Abschmelzstelle festgefroren und somit fixiert.

Abbildung 8.11 zeigt die spektralen Bestrahlungsstärken der mit Diiodid und der mit Ceriodid gepufferten Indiumiodidentladung. Zum Vergleich ist die ungepufferte Indiumiodidentladung dargestellt. Alle Entladungen wurden mit einer Nettoleistung von $P_{net} = 100\,\mathrm{W}$ betrieben. Der Detektorabstand betrug in allen drei Fällen $r_{Det} = 200\,\mathrm{mm}$. Hierbei sind alle aufgenommenen Spektren im Wesentlichen durch die spektralen Eigenschaften der Indiumiodidentladung bestimmt.

Im Falle der mit Diiodid gepufferten Entladung können nur geringe Bestrahlungsstärken festgestellt werden. Die Strahlungsentstehung der Indiumiodidentladung scheint hierbei verringert. Das Verhalten ist auf die starke Elektronegativität von elementarem Iod zurückzuführen, wodurch Elektronen an das Iod gebunden werden. Die gebundenen Elektronen stehen somit nicht mehr zur Anregung der strahlenden Übergänge zur Verfügung und die Kontinuumsstrahlung nimmt ab.

Im Falle der mit Ceriodid gepufferten Entladung kann ein starker Zuwachs der Bestrahlungsstärke festgestellt werden. Hierbei wird die

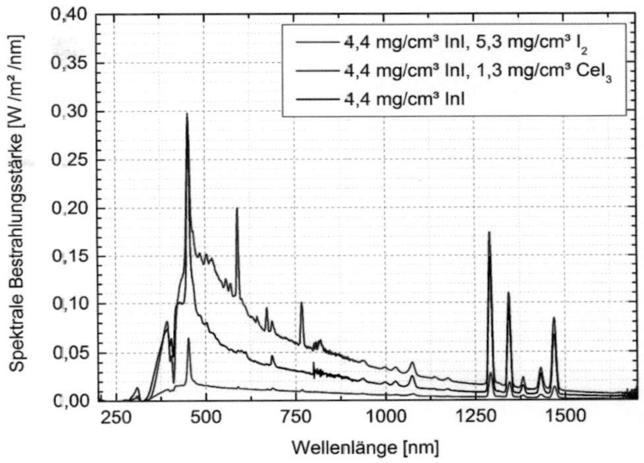

Abbildung 8.11: Gegenüberstellung der mit Ceriodid und Diiodid gepufferten Indiumiodidentladungen mit der ungepufferten Indiumiodidentladung; Die Abbildung zeigt die spektralen Bestrahlungsstärken im Abstand von $r_{Det} = 200\,\text{mm}$ der ungepufferten, der mit Ceriodid gepufferten und der mit Diiodid gepufferten Indiumiodidentladung bei einer eingekoppelten Leistung von $P_{net} = 100\,\text{W}$.

Strahlung des Indiumiodids verstärkt. Darüber hinaus können auch dem Kontinuum überlagerte Spektrallinien festgestellt werden, die dem Cer zugeschrieben werden können. Ausschließlich die ausgeprägten Linien bei $\lambda = 590\,\text{nm}$ und $\lambda = 767\,\text{nm}$ können nicht zugeordnet werden[6]. Ob es sich bei der Verstärkung der Kontinumsstrahlungsleistung, die in jedem Fall proportional zu dem durch Ceriodid erhöhten

---

[6]Eine Natriumverunreinigung des Glases, die eine ausgeprägte Doppellinie um die $\lambda = 590\,\text{nm}$ erzeugt, kann ausgeschlossen werden, da diese bei den

Produkt aus Elektronendichte und Ionendichte ist, um ein reines Verstärken der mit Indiumiodid assoziierten Strahlung handelt oder ob molekulare Ceriodid bedingte Strahlungsanteile zusätzlich auftreten, wurde in dieser Arbeit nicht untersucht.

In Abbildung 8.12 sind die gemessenen Lichtströme der mit Diiodid und Ceriodid gepufferten Indiumiodidentladung dargestellt. Zum Vergleich sind auch die Werte der ungepufferten Indiumiodidentladung dargestellt. Erkennbar ist für alle aufgepufferten Entladungen eine starke Verringerung der nicht thermischen Verluste. Im Falle der diiodidgepufferten Entladung werden diese bis auf wenige Watt reduziert. Im Falle der mit Ceriodid gepufferten Entladung werden die nicht thermischen Verluste nahezu halbiert.

Die reine Reduktion der nicht thermischen Verluste führt dagegen allerdings nicht zu gleichen thermischen Verlusten. Da die Steigung der Lichtstrom-Leistungs-Kurve mit zunehmenden nicht thermischen Verlusten zunimmt, müssen die thermischen Verluste der gepufferten Entladungen zunehmen.

Für das Ceriodid ist dies zu erwarten. Die Erhöhung der Leitfähigkeit der Entladung führt automatisch zu einer geringeren Skintiefe (vgl. Kapitel 5.1.4). Der Leistungsumsatz der Mikrowelle in Wandnähe ist daher höher. Hiermit nehmen auch die thermischen Verluste bei gleicher mittlerer Temperatur der Entladung zu.

Für die Diiodid gepufferte Entladung sind die eher geringen Lichtströme hingegen nicht über die elektrischen Eigenschaften der Entladung erklärbar. Um diese zu verstehen müssen mögliche chemische Reaktionen in der Entladung berücksichtigt werden. So sind die Teilchendichten der Materialien bei einer Temperatur über das Massenwirkungsgesetzt (Formel 5.8) bestimmt (vgl. Kapitel 5.2.1). Durch die erhöhte

übrigen Lampen auch auftreten müsste. Das Glas der Entladungsgefäße wurde aus einer gemeinsamen Charge entnommen.

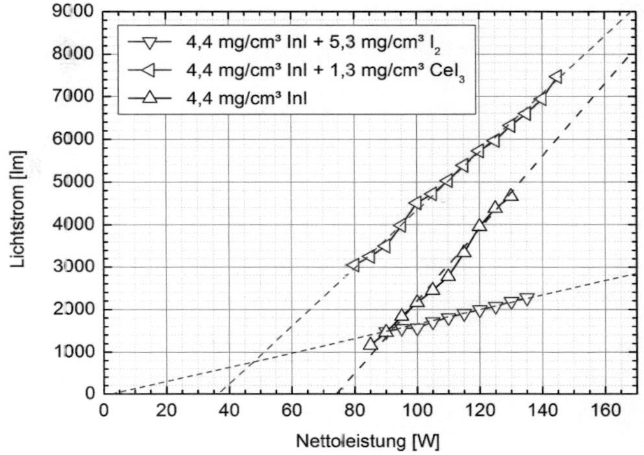

Abbildung 8.12: Gegenüberstellung der Abhängigkeit des Lichtstroms von der Leistung für mit Diiodid und Ceriodid gepufferte Indiumiodidentladungen; In der Abbildung sind die erzielten Lichtströme in Abhängigkeit der Leistung für mit Diiodid bzw. Ceriodid gepufferte Indiumiodidentladungen dargestellt. Zum Vergleich sind zusätzlich die Messwerte der ungepufferten Indiomiodidentladung aufgeführt. Ein starker Einfluss der Puffermaterialien auf die nicht thermischen Verluste kann beobachtet werden.

Menge von Iod in der Entladung wird das Reaktionsgleichgewicht in Richtung des Indiumiodids (InI) verschoben. Ferner kann auch die nächst höhere Reaktionsstufe, das Indium (III) Iodid (InI_3) in erheblichem Maße gebildet werden. Bei gleicher Füllungskonzentration des Indiumiodids steht somit weniger Indium in atomarer Form und weniger Indiumiodid in der ersten Reaktionsstufe zur Strahlungserzeugung zur Verfügung. Da die Volumenemission wesentlich von den Teilchendichten des emittierenden Materials abhängt (vgl. 5.2), nimmt diese dementsprechend bei der Diiodid gepufferten Entladung ab.

Zusammenfassend kann gesagt werden, dass eine bloße Reduktion der nicht thermischen Verluste bei der Surfatronanregung nicht notwendigerweise zu einer Erhöhung der Lichtausbeute des Systems führt. Durch den Einsatz von Puffermaterialien zur Anpassung der Plasmaeigenschaften geschieht immer ein nennenswerter Eingriff in die chemische Zusammensetzung der Entladung. Insgesamt führt die Verwendung von Diiodid zu eher mäßigen Lichtausbeuten von weniger als $\eta = 20\,\mathrm{lm/W}$ bezogen auf die in die Entladung eingekoppelte Leistung. Die Verwendung von Ceriodid ist in dem berücksichtigten Leistungsbereich dagegen möglich. Zwar werden auch hierbei die thermischen Verluste erhöht, generell ist aber eine niedrigere Leistung notwendig, um die gleiche Menge an Licht zu erzeugen wie bei dem ungepufferten System. Hierbei wurden Lichtausbeuten bezogen auf die in die Entladung eingekoppelte Leistung von bis zu $\eta = 55\,\mathrm{lm/W}$ bei einer Leistung von $P_{net} = 150\,\mathrm{W}$ erzielt.

8.4.3 EINFLUSS VON NATRIUMIODID UND DYSPROSIUMIODID AUF DIE LAMPENEIGENSCHAFTEN

In den bisher beschriebenen Entwicklungsschritten der Lampenkonfiguration wurde das Leuchtgas ausgewählt sowie die elektrischen Eigenschaften der Entladung angepasst. Um die Effizienz der Entladung weiter zu steigern, soll der sichtbare Spektralbereich durch zusätzliche Linienstrahlung angereichert werden. Die Auswahlkriterien der Materialien wurden dabei bereits in Kapitel 4.3 beschrieben.

In den Experimenten wurde Natriumiodid und Dysprosiumiodid verwendet.

Bei dem Natrium aus dem Natriumiodid handelt es sich hierbei um einen Linienstrahler. Das Dysprosium hingegen ist ein Viellinienstrahler. Beide Materialien wurden der Entladung in Spuren beigefügt. Um zu verhindern, dass das Natriumiodid die Entladung wesentlich bestimmt, wurde dies in geringer Konzentration von $C_{NaI} = 0,9\,\mathrm{mg/cm^3}$ beigemengt. In der Konfiguration wird von einem ungesättigten Betrieb des Natriumiodids ausgegangen. Für das Dysprosium hingegen liegt bedingt durch den geringen Dampfdruck bei reproduzierbar einstellbaren Füllmengen ein gesättigter Dampfdruck vor (vgl. Dampfdruckkurven aus Abbildung 4.7). Die Konzentration des Dysprosiumiodids wurde zu etwa $C_{DyI_3} = 1,3\,\mathrm{mg/cm^3}$ gewählt.

In Abbildung 8.13 sind die aufgenommenen spektralen Bestrahlungsstärken eines Detektors im Abstand von $r_{Det} = 200\,\mathrm{mm}$ für die mit Natriumiodid und die mit Dysprosiomiodid angereicherten Indiumiodidentladung dargestellt. Zum Vergleich ist die reine Indiumiodidentladung ebenfalls dargestellt.

Bei allen Messungen ist eine Erhöhung der von der Entladung emittierten Strahlung zu beobachten. In beiden Fällen ist das Spektrum im Wesentlichen durch die Indiumiodidentladung bestimmt. Im Falle des Natriumiodidpuffers lässt sich deutlich die Natrium-Doppellinie bei $\lambda = 589\,\mathrm{nm}$ identifizieren. Im Falle des Dysprosiums ist der gesamte Untergrund angehoben. Zusätzlich ist die ausgeprägte Dysprosium-Dreifachlinie bei $\lambda = 597,5\,\mathrm{nm}$, $\lambda = 598,5\,\mathrm{nm}$ und $\lambda = 601,1\,\mathrm{nm}$ identifizierbar.

Betrachtet man den Zusammenhang der erzielten Lichtströme mit der eingekoppelten Leistung für die unterschiedlichen Konfigurationen (siehe Abbildung 8.14), lassen sich generell höhere Lichtströme für die Entladungen mit Additiven feststellen.

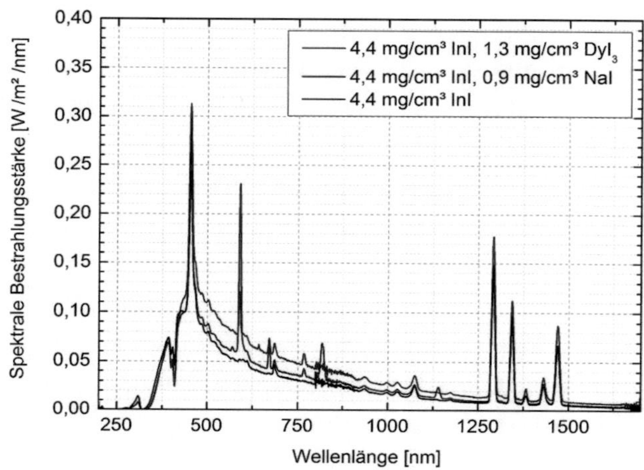

Abbildung 8.13: **Gegenüberstellung der mit Natriumiodid und Dysprosiumiodid angereicherten Indiumiodidentladung und der reinen Indiumiodidentladung;** Die Abbildung zeigt die spektralen Bestrahlungsstärken im Abstand von $r_{Det} = 200\,\text{mm}$ der reinen, der mit Natriumiodid und der mit Dysprosiumiodid angereicherten Indiumiodidentladung bei einer eingekoppelten Leistung von $P_{net} = 100\,\text{W}$.

Die höheren Ausbeuten sind dabei im Falle der mit Natriumiodid angefärbten Entladung vorwiegend durch die zusätzlich entstehende Linienstrahlung zurückzuführen. Hierbei wurden Lichtausbeuten bezogen auf die eingekoppelte Leistung von bis zu $\eta = 35\,\text{lm/W}$ bei Leistungen von $P = 120\,\text{W}$ erzielt.

Am deutlichsten wird der Unterschied bei der Verwendung von Dysprosium. Durch das angehobene Kontinuum nimmt die Lichtausbeute stark zu. Die höhere Effizienz erlaubt zudem einen sicheren Betrieb der

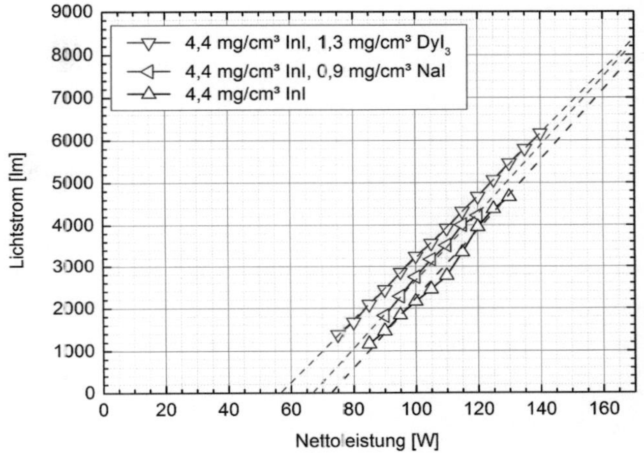

Abbildung 8.14: **Gegenüberstellun der Abhängigkeit des Lichtstroms von der Leistung für mit Natriumiodid und Dysprosiumiodid angereicherten Indiumiodidentladungen;** In der Abbildung sind die erzielten Lichtströme in Abhängigkeit der Leistung für mit Natriumiodid bzw. Dysprosiumiodid angereicherte Indiumiodidentladungen dargestellt. Zum Vergleich sind zusätzlich die Messwerte der ungepufferten Indiumiodidentladung aufgeführt. Die aufgepufferten Systeme sind zu höheren Lichtströmen verschoben.

Lampe bei höheren Leistungen. So resultiert eine Lichtausbeute bezogen auf die eingekoppelte Leistung von $\eta = 44\,\mathrm{lm/W}$ bei Leistungen von $P = 140\,\mathrm{W}$.

8.4.4 MISCHVERHALTEN DER EINGESETZTEN ADDITIVE

Bisher wurden die Einflüsse der verschiedenen Komponenten in der Entladung beschrieben. Erkennbar war eine starke Steigerung in der Lichtausbeute durch die Verwendung von Puffermaterialien so wie Additiven zum Anfärben des sichtbaren Spektralbereichs.

Abschließend soll das Zusammenspiel der einzelnen Materialien betrachtet werden. Die höchsten Lichtströme wurden in den vorangegangenen Experimenten bei mit Ceriodid, Dysprosiumiodid und Natriumiodid angereicherten Entladungen bestimmt. Hierbei konnten, auf die in die Entladung eingekoppelten Leistungen bezogene Lichtausbeuten bis $\eta = 55\,\mathrm{km/W}$ festgestellt werden.

Um die Lichtausbeute weiter zu erhöhen, wurden die verschiedenen Additive zusammen in einer Lampe getestet. Hierbei wurden die gleichen Konzentrationen wie in den vorangegangenen Einzelbetrachtungen verwendet. Die Füllung bestand dabei aus Indiumiodid $C_{InI} = 4,4\,\mathrm{mg/cm}^3$ als Leuchtgas und Dysprosiumiodid $C_{DyI_3} = 1,3\,\mathrm{mg/cm}^3$, Ceriodid $C_{CeI_3} = 1,3\,\mathrm{mg/cm}^3$ und Natriumiodid $C_{InI} = 4,4\,\mathrm{mg/cm}^3$ als Additive. Als Startgas wurde wie in den zuvor beschriebenen Experimenten Argon mit einem Kaltfülldruck von $p_{Ar} = 62\,\mathrm{mbar}$ verwendet.

Abbildung 8.15 zeigt die spektrale Bestrahlungsstärke des Detektors im Abstand von $r_{Det} = 200\,\mathrm{mm}$. Wird diese den vorangegangenen spektralen Bestrahlungsstärken der Einzelkomponenten (siehe Abbildung 8.11 und 8.13) gegenübergestellt, so ist ein additives Mischverhalten erkennbar. Sowohl die Rotverschiebung bedingt durch das Anheben der Kontinuumsstrahlung durch das Ceriodid, sowie die Linienemission des Cers, des Dysprosiums und des Natriums kann detektiert werden.

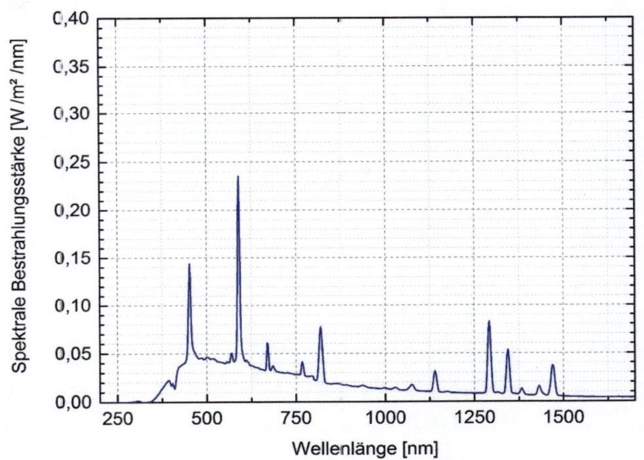

Abbildung 8.15: **Spektrum der mit Ceriodid, Natriumidid und Dysprosiumiodid angereicherten Indiumiodidentladung;** In der Abbildung ist das Spektrum der Bestrahlungsstärke für die mit Ceriodid, Natriumidid und Dysprosiumiodid gepufferten Indiumiodidentladung dargestellt. Erkennbar ist ein spektrales Verhalten, das durch die Mischung der Spektren der Einzelkomponenten erklärt werden kann. Der Detektorabstand betrug bei der Messung $r_{Det} = 200\,\mathrm{mm}$

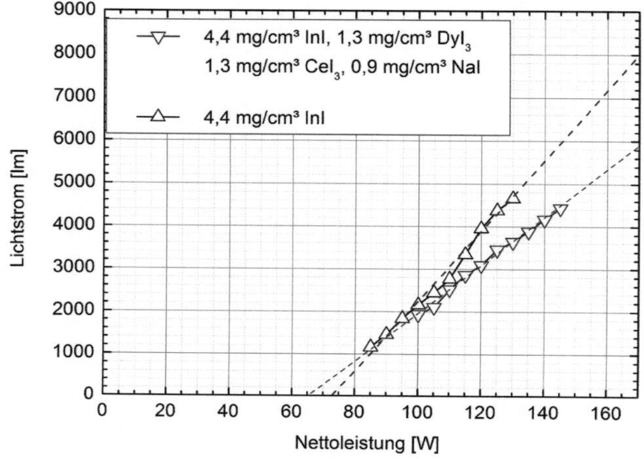

Abbildung 8.16: Gegenüberstellung der Abhängigkeiten des Lichststroms von der Leistung für die mit Ceriodid, Natriumiodid und Dysprosiumiodid angereicherten Indiumiodidentladung; Die Abbildung zeigt die Lichtstrom-Leistungsabhängigkeit der mit Ceriodid, Natriumiodid und Dysprosiumiodid angereicherten Indiumiodidentladung.

Verglichen mit den vorangegangenen Versuchen ist die Höhe der spektralen Bestrahlungsstärke wesentlich geringer. Wird die Lichtstrom-Leistungsabhängigkeit in Abbildung 8.16 betrachtet, wird ersichtlich, dass sich die geringere Signalhöhe direkt in geringeren Lichtströmen niederschlägt. Der qualitative Verlauf der Kurve entspricht jedoch den Erwartungen. So sind die nichtthermischen Verluste leicht reduziert. Durch das verwendete Ceriodid zum Anpassen der Plasmaeigenschaften, wird auch ein Abweichen von der reinen Parallelverschiebung der Messkurven von der der reinen Indiumiodidentladung erwartet.

Abbildung 8.17: Niederschlag im Lampenkörper nach dem Betrieb; Die Abbildung zeigt einen Lampenkörper mit einer Füllung aus Ceriodid, Natriumiodid, Dysprosiumiodid und Indiumiodid nach dem Betrieb der Lampe (o.). Während des Betriebs wird ein Teil des Füllungsmaterials an der Wand in der Mitte der Lampe abgelagert und wird von dieser nicht mehr abgelöst. Zum Vergleich ist ein Lampenkörper mit einer Füllung aus Ceriodid und Indiumiodid dargestellt, bei der ähnliches Verhalten beobachtet werden konnte (u.).

In dieser Konfiguration wurden Lichtausbeuten bezogen auf die eingekoppelte Leistung von $\eta = 30{,}5\,\mathrm{lm/W}$ bei einer eingekoppelten Leistung von $P_{net} = 145\,\mathrm{W}$ erzielt.

Die geringeren Signalhöhen resultieren aus dem Niederschlag der Füllungsmaterialien an der Wand des Entladungsraumes, die in diesem Fall nicht unterdrückt werden kann. Ein Fixieren der Materialien an der Abschmelzstelle führte dabei nicht zu dem gewünschten Erfolg. Sobald die Lampen in Betrieb genommen wurden, kondensierte ein Teil des Materials an der Lampenwand. Der Lampenkörper sowie der Niederschlag ist in Abbildung 8.17 dargestellt. Wie in der Abbildung ersichtlich, ist ein Niederschlag von Füllungsmaterialien in der Lampenmitte und an der Abschmelzstelle zu erkennen. Der Niederschlag an der Abschmelzstelle der Lampe erzeugt dabei keinen Verlust, da dieser im Lampenbetrieb verdampft und nicht mehr beobachtet werden kann. Der Niederschlag in der Lampenmitte jedoch bleibt auch während des Betriebs erhalten und schwächt die emittierte Strahlung beträchtlich. Darüber hinaus, wird die Lampenwand an den Stellen des Niederschlags erhitzt. Dies kann durch ein rotes Glühen des Niederschlags direkt nach dem Abschalten der Lampe beobachtet werden. Darüber hinaus bildet der niedergeschlagene Ring aus Füllungsmaterial eine Barriere für die Plasmasäule. So ist zunächst eine höhere Leistung von $P_{net} = 100\,\mathrm{W}$ notwendig, um das gesamte Entladungsgefäß mit der Entladung auszufüllen. Der Niederschlag erhöht dabei die nicht thermischen Verluste durch das Behindern der Entladung sowie das Abschatten des entstehenden Lichts als auch die thermischen Verluste.

Eine exakte Analyse der Verluste wurde nicht durchgeführt. Im Falle der mit Ceriodid dotierten Indiumiodidentladung aus Kapitel 8.4.2 wurde jedoch ähnliches Verhalten beobachtet. Dort konnte der Wandniederschlag verhindert werden, indem die Füllung an der Lampenspitze fixiert wurde. Die Ausbeuten wurden durch die Wandniederschläge dabei auf 64% gesenkt. Da bei der mit Ceriodid gepufferten Indiumiodidlampe im Vergleich lediglich ein geringer Niederschlag festgestellt werden konnte (siehe Abbildung 8.17), müssen die Verluste bei der mit Ceriodid, Dysprosiomiodid und Natriumiodid angereicherten Lampe höher sein. Realistisch ist ein Faktor von 2 bei der Steigerung der Effizienz zu erwarten, wenn der Niederschlag an der Wand verhindert werden kann.

Der Wandniederschlag konnte mit der Verwendung von Quarzglas nicht dauerhaft gelöst werden. Ein kurzzeitiger Betrieb bei sehr starker Überlast mit eingekoppelten Leistungen von ca. $P_{net} = 200\,\mathrm{W}$ ist mit dem verwendeten Lampenmaterial für etwa 10 s möglich. Während dieser Zeitspanne kann ein Teil des Niederschlags von der Wand gelöst werden. Wird die Leistung zurück geregelt, um das Schmelzen des Lampengefäßes zu verhindern, kondensiert das Material wieder.

Aufgrund der verhältnismäßig niedrigen gesättigten Dampfdrücke des Dysprosiumiodids und des Ceriodids kann der Niederschlag auf diese beiden Materialien zurückgeführt werden. Ein niedrigeres Dosieren der Materialien kam bei den Experimenten nicht in Frage, da dies in den geringen Füllmengen mit Massen von weniger als $m = 0,3\,\text{mg}$ nicht mehr reproduzierbar manuell durchgeführt werden konnte. Wird dies ermöglicht, so sind Lichtausbeuten von über $\eta = 65\,\text{lm/W}$ für Leistungen von $P_{net} = 160\,\text{W}$ zu erwarten.

Eine weitere Möglichkeit zum Verhindern der Niederschläge liegt in der Homogenisierung der Temperaturverteilung des Entladungsgefäßes, sodass dieses insgesamt auf höhere Temperaturen erwärmt werden kann, ohne an einem Hotspot aufzuschmelzen. Ferner empfiehlt sich der Einsatz von Keramikbrennern für weitere Entwicklungsschritte.

8.5 EFFIZIENZ UND FARBWIEDERGABE

In dem experimentellen Teil dieser Arbeit wurde bisher eine Entladung zur Erzeugung von Licht untersucht. Die vermessenen Lampen weisen dabei alle eine sehr hohe Farbwiedergabe auf und eignen sich sowohl von ihren Dimensionen als auch ihren Leistungsklassen für Video-Projektionssysteme, wie sie in professionellen Anwendungen und Heimanwendungen zum Einsatz kommen.

Derzeit werden in diesen Systemen bevorzugt Quecksilberhöchstdruckgasentladungslampen eingesetzt, wie sie in Kapitel 7 beschrieben sind. Sowohl in den Farbeigenschaften wie auch in der Leistungsklasse ist die Lampe „Osram P-VIP 120W / 132W" am nächsten an den beschriebenen, durch Oberflächenwellen betriebenen Entladungen, da sie ohne thermische Isolation durch ein Außenvakuum auskommt. Zu Vergleichszwecken soll somit diese Lampe herangezogen werden.

Die zum Vergleich herangezogenen Daten wurden dem Datenblatt der Lampe [97][7] entnommen, bzw. aus den Messungen in Kapitel 7.2 bestimmt.

Abbildung 8.18 stellt den Vergleich der in dieser Arbeit beschriebenen experimentellen Entwicklungsergebnisse mit dem IST-Werten der kommerziellen Lampe dar. Hierbei wurde auf die Werte der mit Natriumiodid gepufferten Indiumiodidentladung verzichtet, da diese reproduzierbar nicht stabil bei einer Leistung von $P_{net} = 130\,\mathrm{W}$ betrieben werden konnte.

Erkennbar sind die vergleichsweise hohen Farbwiedergabeindizes, die allen vermessenen surfatronangeregten Entladungen gemein sind. Diese sind hierbei um einiges höher als die der Vergleichslampe. Die Ursache der guten Farbwiedergabe liegt in dem ausgeprägten Anteil kontinuierlicher Strahlung, deren Ursache, wie in Kapitel 9 gezeigt werden wird, zumindest für die Indiumiodidentladung auf molekulare Emission zurückgeführt werden kann.

Die Lichtausbeuten der surfatronangeregten Lampen sind für das frühe Entwicklungsstadium in einem geeigneten Bereich und teilweise sogar höher als die Werte des Datenblatts der Vergleichslampe. Für ein kommerzielles Produkt müssen diese allerdings noch verbessert werden, um die höheren Verluste der Mikrowellenerzeugung auszugleichen. Als geeignetster weiterer Entwicklungsschritt hierbei wäre die Optimierung der mit Ceriodid, Dysprosiumiodid und Natriumiodid gepufferten Indiumiodidentladung anzusehen. Hierzu muss notwendigerweise eine produktionsnahe Befüllung der Lampe mit

---

[7]Die Datenblattangaben beziehen sich auf die angegebenen ANSI Lumen. Die tatsächlichen Lichtausbeuten ohne Reflektor stehen nicht zur Verfügung.

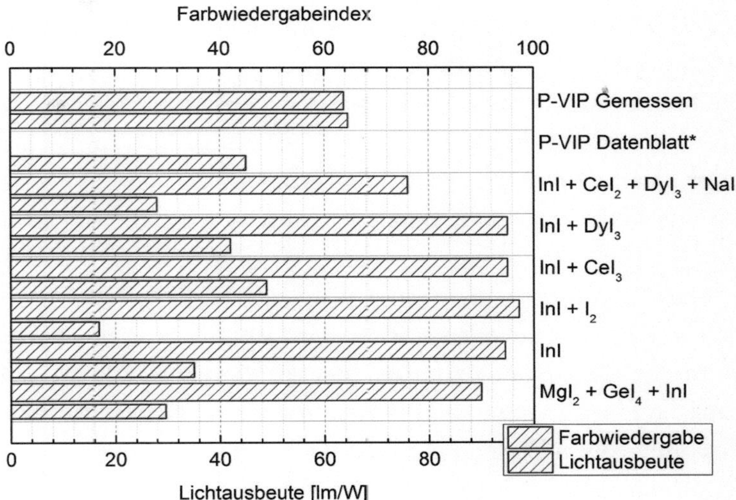

Abbildung 8.18: Gegenüberstellung der erzielten Lichtausbeuten und Farbwiedergabeindizes mit kommerziellem Produkt; In der Abbildung sind die in dieser Arbeit erzielten Lichtausbeuten und Farbwiedergabeindizes der quecksilberfreien oberflächenwellenangeregten Entladungen mit den Werten der Osram P-VIP 120W/132W Lampe verglichen. Die Daten der Vergleichslampe beziehen sich dabei auf den Betrieb mit $P = 132\,W$ Lampenleistung. Die übrigen Daten auf eine eingekoppelte Leistung von $P_{net} = 130\,W$. Die mit * gekennzeichneten Werte sind dabei die im Datenblatt angegebenen typischen Daten in ANSI-Lumen

sehr geringen Mengen des Dysprosiumiodids und des Ceriodids im Größenordnungsbereich von kleiner als $m_f = 0,1\,\text{mg}$ zu realisiert werden.

Die Schwachstelle des derzeitigen Aufbaus liegt in der starken Feldüberhöhung am Fußpunkt der Lampe. Diese ist zwar notwendig, um die Entladung zu starten, sorgt aber bei dem Betrieb bei hohen Leistungen für einen extremen punktuellen Wärmeeintrag, der zum Schmelzen der Lampe am Fußpunkt führt. Ferner wird auch die gesamte Surfatronstruktur im Betrieb durch die Nähe zu der Lampe erheblich erhitzt.

Um höhere Betriebsleistungen von $P_{net} > 200\,\text{W}$ zu erzielen, die potentiell zu einem erheblichen Anstieg der Lichtausbeute führt, ist die Struktur der Einkopplung zu überarbeiten. Hierbei ist vor allem das thermische Management zu beachten, um sowohl die Struktur zur Einkopplung, als auch den Fußpunkt der Lampe zu kühlen.

8.6 ZUSAMMENFASSUNG KAPITEL 8

Die Anregungsweise der Entladung mittels Oberflächenwellen unter der Verwendung des Surfatrons scheint Erfolg versprechend für den Betrieb von neuartigen Gashochdruckentladungslampen. Allerdings kann hierbei nicht auf Füllungssysteme zurückgegriffen werden, wie sie in elektrodenbehafteten Lampen verwendet werden. Gerade die niedrige Leitfähigkeit der Entladung, die für elektrodenbehaftete Lampen vorteilhaft ist, ist bei der Anregung mit dem Surfatrons von Nachteil, da sich die Oberflächenwellen erst bei hoher Leitfähigkeit entlang der Entladung ausbreiten können.

Optisch ist die Anregungsweise geeignet für Projektionssysteme. Die Lampen stellen näherungsweise eine Punktlichtquelle dar, und verfügen über hohe Farbwiedergabeindizes bei hohen Leuchtdichten.

Als geeigneter Ausgangspunkt für weitere Entwicklungen wurde Indiumiodid als Leuchtgas identifiziert. Als Startgas eignet sich Argon. Durch weitere Optimierung der Grundkonfiguration konnte ein starker Anstieg der Lichtausbeuten beobachtet werden. Gerade die Anpassung der Plasmaeigenschaften über Ceriodid als Puffergas führt zu höheren Effizienzen. Zusätzliche kann der sichtbare Spektralbereich mit Natrium- und Dysprosiumlinien aufgefüllt werden.

Verglichen mit kommerziellen Lampen, wie sie in Projektionsanwendungen verwendet werden, weisen die hier entwickelten Lampen wesentlich bessere colorimetrische Eigenschaften auf. Dabei wurden Farbwiedergabeindizes von bis zu $CRI = 95$ bestimmt. Die maximal erzielten Lichtausbeuten in dieser Arbeit lagen bei $\eta = 55\,\mathrm{lm/W}$ und liegen damit nur knapp unterhalb kommerzieller Produkte für Projektionssysteme.

Der Einsatz von mit Ceriodid, Natriumiodid und Dysprosiumiodid angereicherten Indiumiodidentladungen kann in der verwendeten Anordnung zu einer weiterer Steigerung der Lichtausbeute bis zu erwartungsweise $\eta = 65\,\mathrm{lm/W}$ bei Leistungen von $P = 160\,\mathrm{W}$ führen. Generell sollte ein Transfer zu höheren Leistungen zu einem erheblichen Anstieg der Effizienz führen. Die Technologie ist daher auch in der industriellen Beleuchtung anwendbar.

KAPITEL 9

STRAHLUNGSENTSTEHUNG IN INDIUMIODIDENTLADUNGEN

Zur Bestimmung der Strahlungsentstehung der Indiumiodidentladung finden sich in der Literatur bereits mehrere Referenzen. Die umfangreichsten Untersuchungen zu indiumiodidhaltigen Lampen sind in [98] beschrieben. Besonders die darin enthaltenen Aufsätze [99], [31], [100] und [101] sind hervorzuheben. Zusammengenommen wurde in den Werken eine Komplettanalyse von quecksilbergepufferten Hochdruckentladungslampen mit Indiumiodid als Leuchtgas vorgenommen.

Das Emissionsverhalten wurde dabei auf eine Mischung aus reiner Linienemission des Indiums mit stark ins Rote verbreiterten Flügeln, Rekombinationskontinuum des Indiums und dem thermischen Glühen des Indiumiodids zurückgeführt [100].

Aufbauend auf der Theorie von Kramers und Unsöld [102], [46] wurde die Temperatur der Entladung aus der spektralen Strahldichte über die Abelinversion bestimmt [99].

Da für die Temperaturbestimmung die Partialdrücke des Indiums benötigt wurden, wurden diese zuvor berechnet [31]. Die Berechnungen dafür wurden analog zu denen in Kapitel 5.2.1 durchgeführt. Allerdings wurden die Zustandssummen des Indiumiodids dabei unter Vernachlässigung der Rotation und Translation des Moleküls abgeschätzt.

Im Gegensatz zu den früheren Arbeiten wird im Folgenden gezeigt, dass die Strahlung der Indiumiodidentladung wesentlich durch die molekulare Emission des Indiumiodids bestimmt ist.

Das Temperaturprofil wird dabei über die Methode aus Kapitel 6.5 ermittelt. Diese ermöglicht eine direkte Temperaturbestimmung über die Untergrundstrahlung ohne exakte Kenntnis der Strahlungsentstehung.

Auf der Temperaturverteilung aufbauend wird die Strahlungstransportgleichung mit den in Kapitel 5.2.2 errechneten Absorptions- und Emissionskoeffizienten für einen Sichtstrahl durch das Lampenzentrum gelöst.

Unter Verwendung der Zwei-Parameter-Näherung wird eine gute Übereinstimmung der theoretischen Werte mit den experimentell gewonnenen hergestellt.

9.1 TEMPERATURVERTEILUNG DER INDIUMIODIDENTLADUNG

Der erste Schritt bei der Untersuchung zur Strahlungsentstehung der Indiumiodidentladung besteht in der Kenntnis der radialen Temperaturverteilung.

Für alle Untersuchungen zur Strahlungsentstehung wurde eine Lampenkonfiguration mit einer Indiumiodidkonzentration von $C_{InI} = 4{,}4\,\text{mg/cm}^3$ und Argon mit einem Kaltfülldruck $P_{Ar} = 63\,\text{mbar}$ als Startgas genutzt und vertikal betrieben. Dieselbe Lampe wurde für alle Untersuchungen zur Strahlungsentstehung eingesetzt, ohne den Aufbau zum Betrieb der Lampe zu verändern. Alle Messungen wurden bei einer Nettoleistung von $P_{net} = 120\,\text{W}$ durchgeführt. Als Grundannahme wird hierbei von einem radialsymmetrischem Verhalten der Entladung ausgegangen.

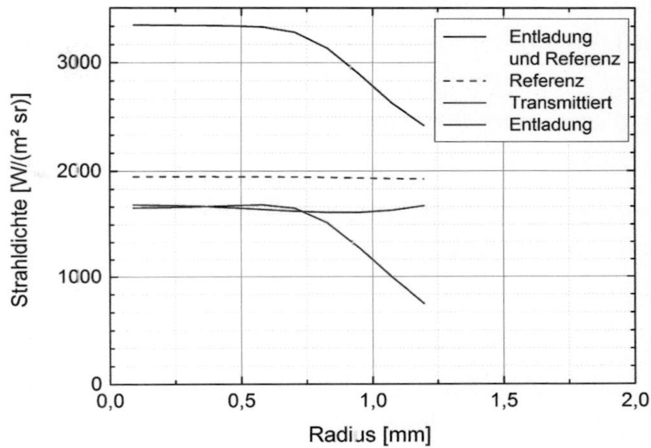

Abbildung 9.1: Thermografisch gewonnenen Strahldichteprofile der Indiumiodidentladung; Die Abbildung zeigt die thermografisch gewonnenen integralen Strahldichteprofile im Wellenlängenbereich von $\lambda_u = 2400\,\text{nm}$ bis $\lambda_o = 2600\,\text{nm}$. Darüber hinaus sind die Referenzmessungen mit der Wolframbandlampe dargestellt.

Für die Bestimmung der radialen Temperaturverteilung wurde der Aufbau genutzt, wie er in Kapitel 6.5 beschrieben wurde. Der Schnitt durch die Lampe wurde dabei in einem Abstand von 3 mm von der Frontplatte des Surfatrons gelegt.

Die thermografisch bestimmten integralen Strahlungsdichten im Wellenlängenbereich von $\lambda_u = 2400\,\text{nm}$ bis $\lambda_o = 2600\,\text{nm}$ sind in Abbildung 9.1 dargestellt. Darüber hinaus sind die Referenzmessungen mit der Wolframbandlampe dargestellt. Erkennbar ist eine starke Zunahme der thermischen Strahlung der Entladung zum Lampenzentrum hin. Das transmittierte Signal der Wolframbandlampe wird signifikant geschwächt. Der Messbereich erstreckt sich dabei nicht bis zum äußeren Durchmesser der Plasmasäule, da die Transmission in den Wandbereichen erheblich durch die optisch Verzerrung des Entladungsgefäßes beeinträchtigt wurde. Zur Temperaturbestimmung in Wandnähe wurde auf die thermografischen Messungen der Quarzglastemperatur zurückgegriffen.

Mit den gewonnenen Daten können die Strahlungstransportgleichungen für die Absorption und die Emission getrennt gelöst werden und die Temperatur ist wie in Kapitel 6.5 beschrieben bestimmbar.

Das radiale Temperaturprofil der Indiumiodidentladung ist in Abbildung 9.2 dargestellt, wobei die schraffierten Bereiche interpoliert wurden. Dabei wurde die Lampenmitte als Scheitelpunkt der Temperaturkurve angenommen. Die Temperatur am Rand der Entladungssäule $T(2\,\mathrm{mm})$ wurde über die thermografisch bestimmte Glastemperatur abgeschätzt. Die Zwischenwerte von $r = 1,2\,\mathrm{mm}$ bis $r = 2\,\mathrm{mm}$ wurden linear interpoliert.

Erkennbar ist die hohe Wandtemperatur von $T(2\,\mathrm{mm}) = 1200\,\mathrm{K}$. Das Temperaturprofil ist, durch die Leistungseinkopplung der Mikrowelle bedingt, von der Wand aus für Hochdruckentladungslampen, wie zu erwarten, relativ flach. Ein starker Einfluss des Skineffekts wie in [15], [17] und [103], der zu kälteren Bereichen im Inneren der Lampe führt ist in diesem Fall nicht zu beobachten. Die Kerntemperatur wurde zu $T(0\,\mathrm{mm}) \approx 6600\,\mathrm{K}$ bestimmt.

Das Temperaturprofil weist dabei Ähnlichkeiten mit denen elektrodenbehafteter Lampen auf. Dies ist zunächst verwunderlich, kann aber bei genauer Betrachtung erklärt werden. In Kapitel 5.1 wurde bereits die Temperaturabhängigkeit des Skineffekts behandelt. Aus Abbildung 5.4 ist ersichtlich, dass sich die Skintiefe erst für Temperaturen oberhalb von $T = 3000\,\mathrm{K}$ im Submillimeter-Bereich befindet. Da in Modell 1 der Einfluss des stark elektronegativen Iods vernachlässigt

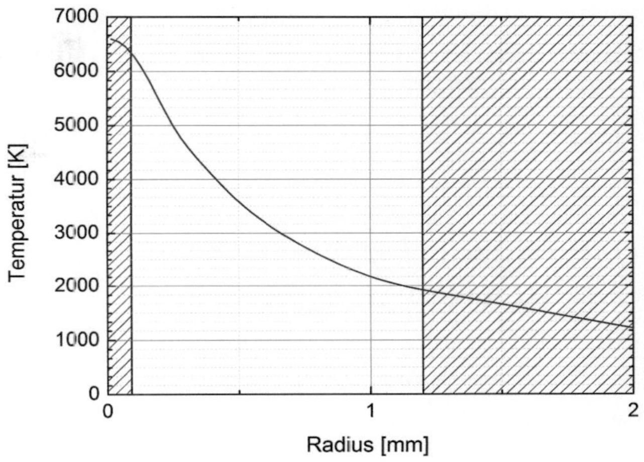

Abbildung 9.2: Radiales Temperaturprofil der Indiumiodidentladung; Die Abbildung zeigt das radiale Temperaturprofil der Indiumiodidentladung bei einer eingespeisten Leistung von $P_{net} = 120\,\mathrm{W}$ im Abstand von 3 mm von der Frontplatte des Surfatrons. Der schraffierte Bereich stellt interpolierte Daten dar. Die Wandtemperatur wurde dabei anhand der thermografisch bestimmten Glastemperatur abgeschätzt.

ist, sollte die reale Skintiefe aufgrund der geringeren Elektronendichte verglichen mit der Modellvorstellung angehoben sein. Werden die Teilchendichteverteilungen aus Modell 1 (Abbildung 5.1) und Modell 2 (Abbildung 5.5) verglichen, so ist auch bei höheren Temperaturen bis etwa $T = 7000\,\mathrm{K}$ eine signifikante Abweichung in der Elektronendichte erkennbar. Realistisch ist somit ein stark ausgeprägter Skineffekt mit Skintiefen im Bereich von $< 0,5\,\mathrm{mm}$ ab Temperaturen von etwa $T = 6000\,\mathrm{K}$. Die Mikrowellenleistung wird somit zwar auf dem Weg in das Lampenzentrum geschwächt, der wesentliche Leistungseintrag hingegen findet erst in den heißen Zonen der Entladung mit den höchsten Leitfähigkeiten und den geringsten Skintiefen statt, wodurch sich ein ähnliches Temperaturprofil wie bei elektrodenbehafteten Lampen einstellt.

9.2 ÖRTLICH AUFGELÖSTE SPEKTRALE STRAHLDICHTEVERTEILUNG

Nachdem das Temperaturprofil der Lampe bekannt ist, können die Ergebnisse aus Kapitel 5.2 experimentell verifiziert werden. Im ersten Schritt soll dies über die örtlich aufgelösten spektralen Strahldichten der Lampe geschehen.

Vergleicht man die Abbildungen 5.6 und 5.9, so wird erkennbar, dass die molekulare Emission des Indiumiodids für Temperaturen ab $T = 2000\,\mathrm{K}$ auftaucht. Die Linienemission des Indiums setzt dagegen erst ab Temperaturen von $T = 3000\,\mathrm{K}$ ein.

Werden die Werte mit dem Temperaturprofil verglichen, so sollten bei einem Abstand vom Mittelpunkt der Lampe von etwa $r = 1\,\mathrm{mm}$ bis $r = 1,2\,\mathrm{mm}$ deutlich kontinuierliche Strahlungsanteile erkennbar sein. Bei Abständen von $r = 0,3\,\mathrm{mm}$ bis $r = 0,5\,\mathrm{mm}$ sollte zudem die atomare Linienstrahlung identifizierbar sein.

Abbildung 9.3 zeigt die örtlich und spektral aufgelöste Strahldichteverteilung der Lampe im Abstand r zum Mittelpunkt der Lampe. Die Bestimmung der Strahldichten wurde dabei wie in Kapitel 6.4.2 beschrieben durchgeführt. Als Schnittebene durch die Lampe wurde wie zuvor die parallele Ebene zur Frontplatte des Surfatrons in einem Abstand von 3 mm gewählt. Somit kann für die Schnittebene die zuvor bestimmte Temperaturverteilung angenommen werden.

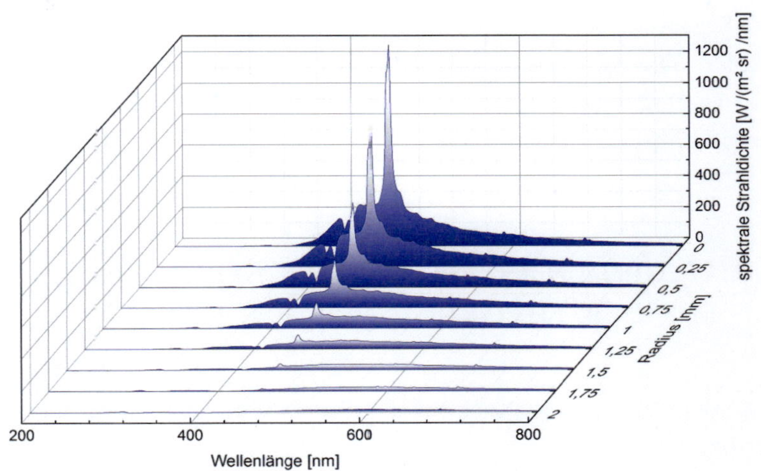

Abbildung 9.3: Örtlich aufgelöste spektrale Strahldichteverteilung der Indiumiodidentladung; Die Abbildung zeigt die örtlich aufgelösten Spektren der Strahldichte in der Seitenansicht der Lampe auf einer Höhe von 3 mm in Abhängigkeit von dem radialen Abstand zum Mittelpunkt. Ab $r = 1,25$ mm können deutliche kontinuierliche Strahlungsbeiträge beobachtet werden. Die Linienemission wird erst im Inneren der Lampe deutlich.

Wie erwartet, konnte in den kälteren Bereichen der Lampe bevorzugt kontinuierliche Strahlung gemessen werden. Besonders ausgeprägt wird diese bei Radien kleiner als $1,25\,\text{mm}$. Ein deutlicher Anstieg der Linienstrahlung wurde für Radien kleiner als $r = 0,75\,\text{mm}$ bis $r = 0,5\,\text{mm}$ beobachtet.

Die Ergebnisse sind in guter Übereinstimmung mit den theoretischen Werten. Die örtlichen Unterschiede sind dabei auf die messtechnische Ungenauigkeit des Ortes zurückzuführen, die bedingt durch die Messfleckgröße von etwa $\oslash h_{MF} = 0,67\,\text{mm}$ bei $\Delta r = 0,34\,\text{mm}$ liegt.

9.3 GEGENÜBERSTELLUNG DER EXPERIMENTE MIT DER THEORIE

Nachdem im vorangegangenen Kapitel bereits eine experimentelle Verifikation der Theorie aus Modell 2 durchgeführt wurde, sollen die rechnerischen Ergebnisse im Folgenden explizit mit den theoretischen Ergebnissen verglichen werden.

Im ersten Schritt sollen dafür die messtechnisch bestimmten Absorptionskoeffizienten aus der Temperaturbestimmung mit den theoretischen Werten verglichen werden. Im nächsten Schritt werden die messtechnisch bestimmten spektralen Strahldichteverteilungen denen der Linienemissions- und denen der molekularen Emissionsspektren gegenübergestellt.

Abschließend können die experimentellen Ergebnisse mittels einer Zwei-Parameter-Näherung in gute Übereinstimmung mit den Ergebnissen aus Modell 2 gebracht werden.

9.3.1 GEGENÜBERSTELLUNG DER MOLEKULAREN ABSORPTION

Für eine direkte Gegenüberstellung der Emissions- bzw. Absorptionskoeffizienten ist es notwendig, Informationen aus dem Inneren der Entladung zu gewinnen. Prinzipiell ist auch für den sichtbaren Spektralbereich eine Kombination der Durchlichtmessung, wie sie zur Bestimmung der Temperatur genutzt wurde (vgl. Kapitel 6.5), mit der Messung der emittierten spektralen Strahldichteverteilung (vgl. Kapitel 6.4.2) möglich. Allerdings konnte dies experimentell nicht durchgeführt werden. Aufgrund der hohen Strahldichten der Lampe in diesem Spektralbereich stehen keine planaren Lichtquellen zur Verfügung, die als Strahldichtenormal mit ausreichender Strahldichte genutzt werden können.

Zur ersten Gegenüberstellung der Messwerte mit den theoretischen Werten sollen daher die Absorptionskoeffizienten im Wellenlängenintervall zwischen $\lambda = 2400\,\text{nm}$ und $\lambda = 2600\,\text{nm}$ genutzt werden, wie sie bei der Temperaturbestimmung ermittelt wurden.

Die Absorptionskoeffizienten sind sowohl in der Modellbetrachtung als auch experimentell ermittelt in Abhängigkeit der Temperatur verfügbar. Da in dem verwendeten Wellenlängenbereich keine Linienstrahlung zu erwarten ist, muss der Absorptionskoeffizient im Wesentlichen durch die molekulare Emission bestimmt sein.

Für eine Gegenüberstellung sollen daher nur die molekülbedingten Absorptionskoeffizienten herangezogen werden. Der gemessene sowie der nach Modell 2 errechnete Verlauf der Absorptionskoeffizienten in Abhängigkeit zur Temperatur ist in Abbildung 9.4 dargestellt. Bei den experimentellen Werten handelt es sich um die integralen Werte aus der Temperaturbestimmung. Die theoretisch berechneten Kurven sind die temperaturabhängigen wellenlängenabhängigen Absorptionsko-

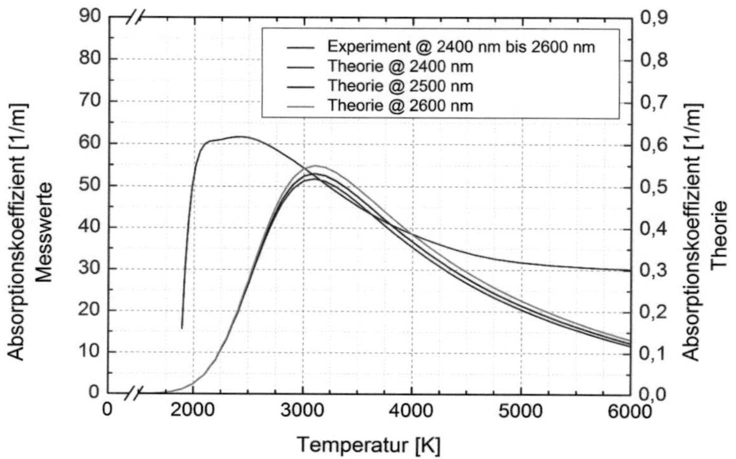

Abbildung 9.4: Gegenüberstellung der experimentell und theoretisch gewonnenen Absorptionskoeffizienten; Die Abbildung zeigt die experimentell bei der Temperaturbestimmung gewonnenen Kurve des Absorptionskoeffizienten im Bereich von $\lambda = 2400\,\text{nm}$ bis $\lambda = 2400\,\text{nm}$ Wellenlänge. Gegenübergestellt sind die theoretischen Absorptionskoeffizienten bei $\lambda = 2400\,\text{nm}$, $\lambda = 2500\,\text{nm}$ und $\lambda = 2600\,\text{nm}$ Wellenlänge.

effizienten bei $\lambda = 2400\,\text{nm}$, $\lambda = 2500\,\text{nm}$ und $\lambda = 2600\,\text{nm}$ mit einer Auflösung von $\Delta\lambda = 1\,\text{nm}$.

Werden die absoluten Werte außer Acht gelassen, so lässt sich eine passable Übereinstimmung des Verlaufs der Absorptionskoeffizienten aus Theorie und Experiment mit der Temperatur feststellen.

Die theoretischen Kurven weisen dabei einen vergleichbaren Temperaturgang wie die des Experimentes auf, sind allerdings um etwa

$T = 500\,\mathrm{K}$ zu höheren Temperaturen verschoben. Der theoretische Anstieg ist dabei geringer ausgeprägt.

Die Abweichung in der Steigung des Anstiegs der Absorptionskoeffizienten zu höheren Temperaturen kann messtechnisch bedingt sein, da die Fehler der Absorptionsbestimmung in den Randbereichen mit geringer Temperatur zunehmen.

Generell lässt sich das Verhalten über die Molekülkonzentration und die molekulare Emission erklären. Bei niedrigen Temperaturen unterhalb von $T = 2000\,\mathrm{K}$ ist die molekulare Emission, wie bereits im vorangegangenen Kapitel gezeigt, für längere Wellenlängen schwach ausgeprägt. Die Absorption ist dagegen nicht auf einfache Weise erklärbar. Da in den kalten Randbereichen der Entladung bevorzugt der Grundzustand der Teilchen besetzt ist, sollte die Absorption erwartungsweise ansteigen. Da die Absorption jedoch bevorzugt molekularer Natur ist, müssen die Potentialkurven der Moleküle in Betracht gezogen werden (vergleiche Abbildung 5.7). In den kalten Bereichen befinden sich die Moleküle bevorzugt in den untersten Schwingungsniveaus mit kleiner Auslenkung aus der Ruhelage. Für die Absorption von Strahlung mit der Wellenlänge von $\lambda = 2{,}5\,\mu\mathrm{m}$ ist somit neben der Energie des Strahlungsquants noch ein Impulsübertrag notwendig um zur Absorption zu führen. Erst bei Temperaturen, für die eine hohe Auslenkung der Atome des Indiumiodidmoleküls wahrscheinlich wird kann daher auch Absorption stattfinden. Steigt die Temperatur weiter, so nimmt die Dissoziation der Moleküle zu. Die Molekülkonzentration verarmt. Nach Lambert-Beer nimmt dabei sowohl die Absorption als auch die Emission ab.

Die Abweichung der Temperaturen kann durch das Modell bedingt sein. Zum einen ist der Fehler durch die Abschätzung mittels des Morsepotentials bei hohen Wellenlängen stark fehlerbehaftet, zum anderen wird die Molekülkonzentration durch die Zustandssummen des

Moleküls bestimmt. Da die Abschätzung der Zustandssummen nicht genauer sein kann, als die dem Modell zugrundeliegenden Eingabeparameter des Indiumiodids, kann der Fehler der Zustandssummen bis zu 25% betragen [81]. Die Fehler sind dabei durch die Konstanten des Indiumiodids als auch durch die Abschätzung des Gesamtdrucks bestimmt.

9.3.2 GEGENÜBERSTELLUNG DER LINIENEMISSION SOWIE DER MOLEKULAREN EMISSION UND DEN MESSWERTEN

Mit dem Ziel, die theoretisch ermittelten Werte des Modells im sichtbaren Spektralbereich zu bestätigen, ist die direkte Bestimmung der optischen Koeffizienten wegen der hohen Absorption des Systems messtechnisch nicht möglich.

Zur Überprüfung der Ergebnisse aus Modell 2 kann die Strahlungstransportgleichung für einen Sichtstrahl durch den Mittelpunkt der Lampe mit bekanntem Temperaturprofil gelöst werden. Hierfür können die temperaturabhängigen Absorptions- sowie Emissionskoeffizienten über das Temperaturprofil der Lampe (siehe Kapitel 9.1) zu Ortsprofilen der optischen Koeffizienten umgewandelt werden. Der Strahlungstransport wird somit lösbar.

Zunächst sollen die Strahldichten, bestimmt aus den Koeffizienten der Linienemission sowie der molekularen Emission ohne weitere Anpassung direkt mit den gemessenen spektralen Strahldichten verglichen werden. Die zur Lösung der Strahlungstransportgleichung notwendigen Absorptionskoeffizienten ergeben sich wie zuvor über den Kirchhoffschen Satz. Abbildung 9.5 zeigt sowohl die gemessene spektral aufgelöste Strahldichte (o.), wie auch die errechneten Strahldichten der

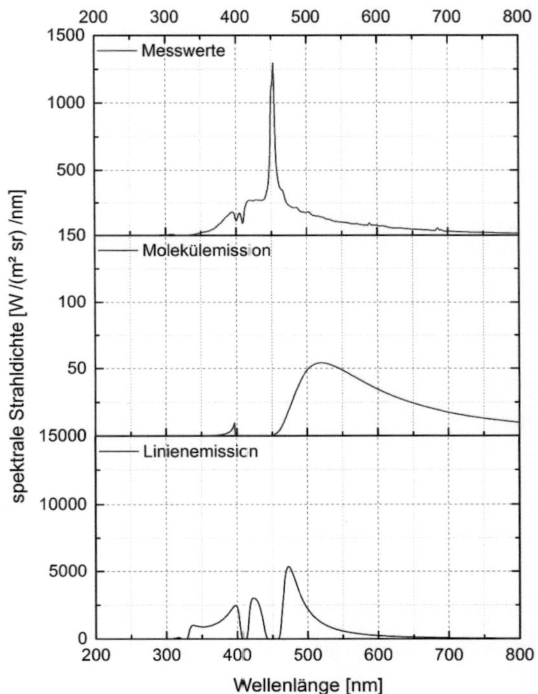

Abbildung 9.5: Gegenüberstellung der theoretischen spektralen Strahldichten der Linienemission und der molekularen Emission und den Messwerten; Die obere Abbildung stellt die gemessenen spektralen Strahldichten der Indiumiodidentladung dar (o.). Darüber hinaus sind die theoretisch berechneten Strahldichteverteilungen der molekularen Emission (m.) und der Linienemission (u.) dargestellt.

Linienemission (u.) und der molekularen Emission (m.). Erkennbar ist, dass die Messwerte weder durch die Linienemission noch durch die molekulare Emission ausreichend erklärt werden können.

Die Lösung der Strahlungstransportgleichung für die Linienemission weist dabei stark selbstinvertierte und verbreiterte Linien auf. Verglichen mit den Messkurven ist die Linienemission demnach stark überbewertet. Die prägnante Emissionslinie bei $\lambda = 451,1\,\text{nm}$ kann nicht reproduziert werden. Die reine Linienemission führt demnach weder quantitativ noch qualitativ zu dem gemessenen spektralen Verlauf der Strahldichte. Die Emissionskoeffizienten sind dabei stark überbewertet.

Die Lösung der Strahlungstransportgleichung für die molekulare Emission führt, wie auch im Falle der Linienemission, zu stark reabsorbierten spektralen Strahldichten im Bereich von $\lambda = 400\,\text{nm}$ bis $\lambda = 450\,\text{nm}$. Auch dies kann im Experiment nicht beobachtet werden.

Der Ausläufer der kontinuierlichen Strahlung ins Infrarote hinein kann jedoch qualitativ durch das Experiment bestätigt werden. Auf Basis der starken Selbstabsorption scheint die molekulare Strahlung überbewertet, obwohl die rein quantitative Betrachtung der kontinuierlichen Strahlung zu niedrigeren Strahldichten im Modell führt.

Generell scheint die molekulare Emission stark an der kontinuierlichen Emission der Indiumiodidentladung beteiligt, jedoch kann das Verhalten durch das Modell 2 nicht geschlossen physikalisch beschrieben werden. Gerade die starke Überinterpretation der Selbstabsorption scheint entscheidend für die Abweichungen der Theorie.

Für weitere Betrachtungen soll eine Zwei-Parameter-Näherung durchgeführt werden, um die theoretischen Werte an die experimentell ermittelten Werte anzugleichen.

9.3.3 GEGENÜBERSTELLUNG DER EXPERIMENTELL ERMITTELTEN STRAHLDICHTE UND DER WERTE DER ZWEI-PARAMETER-NÄHERUNG AUS MODELL 2

Um die Modellbeschreibung zu verifizieren, kann wie bereits begründet eine Zwei-Parameter-Näherung durchgeführt werden (vgl. Kapitel 5.2.2).

Hierbei sollen die Strahlungsbeiträge der Linienemission und der molekularen Emission zueinander nach Formel 5.23 variiert werden. Die Parameter ζ_m und ζ_a wurden dabei iterativ angepasst, bis eine gute qualitative Übereinstimmung der errechneten spektralen Strahldichten mit der experimentell bestimmten hergestellt werden konnte. Die beste Übereinstimmung lag bei $\zeta_a = 13,34 \cdot 10^{-6}$ und $\zeta_m = 2,51 \cdot 10^{-2}$. Die Absorptionskoeffizienten wurden, wie schon zuvor für jede Näherung der Emissionskoeffizienten mit dem Kirchhoffschen Satz bestimmt. Abbildung 9.6 zeigt die Gegenüberstellung der experimentell bestimmten spektralen Strahldichte der Indiumiodidentladung und der nach der Zwei-Parameter-Näherung nach Modell 2 bestimmten Strahldichteverteilung. Erkennbar ist eine gute qualitative Übereinstimmung der experimentell bestimmten Werte mit der Lösung des Modells 2 oberhalb der Wellenlänge von $\lambda = 400\,\text{nm}$.

Sowohl die kontinuierliche molekulare Strahlung ab $\lambda = 451\,\text{nm}$ als auch die Linienemission bei $\lambda = 451\,\text{nm}$ ist in sehr guter Übereinstimmung mit dem Experiment. Darüber hinaus sind die zwei selbstabsorbierten Linien bei $\lambda = 400\,\text{nm}$ und $\lambda = 410\,\text{nm}$ deutlich erkennbar. Vergleicht man dies mit den errechneten Absorptionskoeffizienten aus Kapitel 5.2.2 (Abbildung 5.10), so ist eine Übereinstimmung der Positionen der Selbstabsorption mit denen der molekularen Emissionskoeffizienten und den daraus resultierenden Absorptionskoeffizienten ersichtlich. Somit kann die bisher unbekannte Absorptionslinie bei

$\lambda = 400\,\text{nm}$ auf die molekulare Absorption zurückgeführt werden. Auch für die Absorptionslinie bei $\lambda = 410\,\text{nm}$ ist dies naheliegend. Jedoch kann die Absorption nicht eindeutig zugewiesen werden, da die Anteile der Indiumlinie bei $\lambda = 410{,}1\,\text{nm}$ nicht eindeutig von den Anteilen der molekularen Absorption getrennt werden können.

Abschließend bleibt festzuhalten, dass die Anpassfaktoren der Zwei-Parameter-Näherung sehr klein zu wählen sind, um eine gute qualitative Übereinstimmung des Experiments mit den theoretischen Werten zu erzielen. Die Ursache hierfür konnte in dieser Arbeit nicht erklärt werden. Da die Anpassparameter sehr klein waren, können nur Faktoren eine solche Änderung bewirken, die sich in der selben Größenordnung ändern. Denkbar sind daher Einflüsse der Temperatur und chemischer Reaktionen, die in dem Modell nicht berücksichtigt wurden. Die Temperatur nimmt eine übergeordnete Rolle bei der Modellbeschreibung mit exponentiellem Einfluss ein. Die Temperaturmessung selbst weist Unsicherheiten auf, die aufgrund fehlender Vergleichsmöglichkeiten nicht präzise abgeschätzt werden können. Dennoch sind durchaus Fehler von bis zu $\Delta T = 500\,\text{K}$ zu erwarten. Die daraus resultierende Fehlabschätzung der Teilchendichten überstreicht einen Größenordnungsbereich von bis zu 10^3. In den kalten Randbereichen kann im Modell zudem eine hohe molekülbedingte Absorption des Indiumiodids beobachtet werden. In diesen Bereichen besteht jedoch auch die Möglichkeit der Bildung von Indiumiodidmolekülen mit anderen Stöchiometrien, die somit weniger oder gar nicht zur Absorption beitragen. Diese wurden von dem Modell nicht erfasst. In zukünftigen Arbeiten sind die beiden Einflusskriterien zu untersuchen, um eine Verbesserung der Modellbeschreibung zu bewirken.

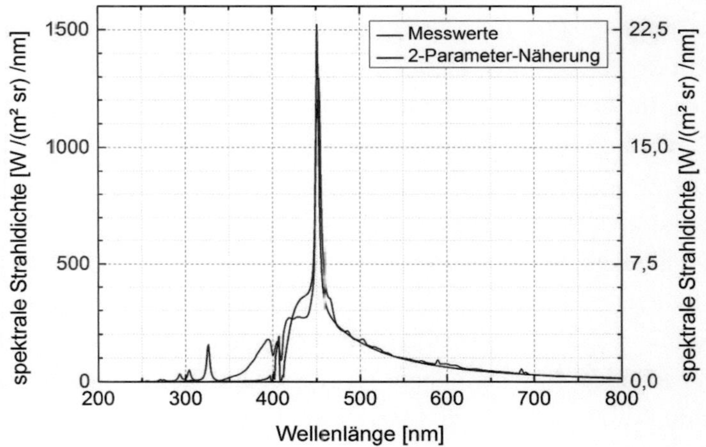

Abbildung 9.6: Vergleich der experimentellen spektralen Strahl-dichten mit der Lösung der Zwei-Parameter-Näherung; Die Abbildung zeigt die Gegenüber-stellung der Zwei-Parameter-Näherung und der experimentell bestimmten Werte. Deutlich erkennbar ist die gute qualitative Übereinstimmung der atomaren Linienstrahlung, der Kontinuumsstrahlung sowie der selbstabsorbierten Linien oberhalb von $\lambda = 400\,\mathrm{nm}$.

9.4 ZUSAMMENFASSUNG UND FAZIT VON KAPITEL 9

Die stark ausgeprägte Kontinuumsstrahlung der Indiumiodidentladung konnte in dieser Arbeit im Gegensatz zu [100] auf die molekulare Strahlung des Indiumiodidmoleküls zurückgeführt werden. Das Gesamtspektrum ergibt sich dabei als Überlagerung der Molekülstrahlung des Indiumiodids, die bevorzugt in den kälteren äußeren Zonen der Entladung auftritt und der Linienstrahlung des Indiums, die bevorzugt im Lampenkern entsteht.

Die experimentellen und theoretischen Werte der spektralen Strahldichte sind dabei in guter qualitativen Übereinstimmung für die spektralen Bereiche oberhalb von $\lambda > 400\,\mathrm{nm}$ Wellenlänge. Das Einsetzen der Linienstrahlung des Indiums ist bei Temperaturen von knapp unterhalb $T = 3000\,\mathrm{K}$ beobachtbar. Dies entspricht in etwa dem Punkt, ab dem nach Modell 2 eine höhere Teilchendichte des Indiums als des Indiumiodids zu erwarten ist (vergleiche Abbildung 5.5) und liegt etwa $\Delta T = 500\,\mathrm{K}$ unterhalb der Temperatur aus den Berechnungen in [31].

Durch die Temperaturbestimmung konnte ein starker Einfluss der Absorption im infraroten Spektralbereich gemessen werden. Da sich die Absorptionslänge in der Größenordnung des Plasmadurchmessers befindet, kann die Forderung $\alpha_\Lambda \cdot \Delta x << 1$ (vergleiche Kapitel 2.4), die für die Abeltransformation notwendig ist, nicht mehr aufrechterhalten werden. Dies führt zu einer Unterabschätzung der Kerntemperaturen in [99].

Die molekulare Strahlung des Indiumiodids scheint einen starken Einfluss auf die Strahlungsentstehung der Indiumiodidentladung zu haben und lässt sich qualitativ von der Theorie aus Modell 2 unter Verwendung der Zwei-Parameter-Näherung beschreiben.

Die quantitativen Abweichungen zwischen Modell und Experiment konnten während den Untersuchungen zur Strahlungsentstehung nicht erklärt werden und sollten in weiterführenden Arbeiten genauer untersucht werden.

KAPITEL 10

ZUSAMMENFASSUNG

Aufgrund der Ausphasung von Glühlampen im europäischen Raum ist die Nachfrage nach alternativen Lichtquellen so hoch wie nie zuvor. Um die Akzeptanz der Verbraucher zu fördern, muss eine Alternative zu quecksilberhaltigen Gasentladungslampen gefunden werden.

Moderne Lichtquellen wie LEDs oder OLEDs bieten zwar eine Ausweichmöglichkeit, sind jedoch in ihrem Anwendungsgebiet stark eingeschränkt. Gerade in den Bereichen, in denen hohe Lichtströme mit hohen Leuchtdichten aus einer Lichtquelle benötigt werden, können diese nicht eingesetzt werden. Limitierend sind dabei die niedrigen umsetzbaren Leistungen pro LED. Die OLED Technologie scheiden als Flächenleuchter komplett aus. Die Hochdruckentladungslampe hat sich in diesen Bereichen durchgesetzt.

In dieser Arbeit wurde die Machbarkeit von mikrowellenangeregten quecksilberfreien Hochdruck-Gasentladungslampen auf Metallhalogenidbasis, in kompakter Bauform, anhand einer Vorentwicklung gezeigt. Die Prinzipien der Strahlungsentstehung konnten, am Beispiel indiumiodidhaltiger Entladungen, erstmals theoretisch erklärt und experimentell verifiziert werden.

Basierend auf den grundsätzlichen Prozessen der Hochdruckentladungslampen im lokalen thermodynamischen Gleichgewicht und der Mikrowellen-Plasmainteraktion wurden verschiedene Methoden des Leistungseintrags in eine Hochdruckentladung bewertet. Die Verfahren der Antennenanregung und der Surfatronanregung mittels Oberflächenwellen wurden experimentell untersucht. Im Falle der Surfatronanregung sind sehr kompakte Bauformen der Übertragerstruktur möglich. Darüber hinaus lassen sich, mittels Oberflächenwellen, elektrodenlose Lampen betreiben, sodass die Vorteile dieser Methode der Mikrowelleneinkopplung in die Entladung überwiegen.

Die Grundanforderungen der Leistungseinkopplung an die elektrischen Parameter der Entladung wurden am Beispiel von Indiumiodidentladungen auf theoretischer Basis untersucht. Die Ergebnisse wurden durch Simulationen mit der finiten Elemente Methode unterstützt. Die Bildung von Oberflächenwellen entlang der Entladung profitiert dabei von hohen Leitfähigkeiten und den daraus resultierenden Permittivitäten der Entladungen mit unterkritischer Dichte, wie sie für Indiodidentladungen für Plasmatemperaturen ab $T = 2000°\text{C}$ vorliegen.

Für die zielgerichtete Entwicklung von Lampenfüllungen für die Surfatronanregung wurde eine theoretische Vorselektion von verwendbaren Materialien durchgeführt. Für Systeme mit Argon als Startgas wurden Metallhalogenidfüllungen des Iods ausgewählt. Den verschiedenen Komponenten der Lampenfüllung konnten dabei unterschiedliche Aufgaben zugeordnet werden. So eignet sich auf theoretischer Basis das Indiumiodid, das Germaniumiodid und das Magnesiumiodid als Leuchtgase. Zur Anreicherung des sichtbaren Spektralbereichs solcher Lampen wurde Dysprosiumiodid sowie Natriumiodid als Additive gewählt. Um die elektrischen Eigenschaften des Plasmas einzustellen, wurde Ceriodid und elementares Diiodid als geeignet bewertet.

Aufbauend auf den Vorüberlegungen wurden die verschiedene Füllungssysteme experimentell untersucht. Bei allen Leuchtgaskonfigurationen wurden hohe Farbwiedergabeindizees bis zu $CRI = 95$ festgestellt. Besonderes Augenmerk wurde auf die Verwendung von Indiumiodid gelegt. Die Entladungen auf dieser Basis zeichnen sich durch ein stark ausgeprägtes Strahlungskontinuum aus. Mit Argon gepufferte Füllungsmischungen bestehend aus Indiumiodid, Ceriodid, Dysprosiumiodid und Natriumiodid wurden als geeignet für Projektsionssysteme eingestuft. Hierbei konnten Lichtausbeuten bis zu $\eta = 55\,\mathrm{lm/W}$ nachgewiesen werden. Höhere Lichtausbeuten können durch die Reduktion der Additive hin zu niedrigeren Füllungskonzentrationen erzielt werden. Für die weitere Entwicklung wurde ein Übergang zu industrienahen Fertigungsbedingungen nahegelegt. Eine weitere Erhöhung der Lichtausbeute ist durch die derzeitigen fertigungstechnischen Möglichkeiten limitiert.

Neben der reinen Entwicklungsarbeit wurden die Indiumiodidentladungen bezüglich ihrer Strahlungsentstehung untersucht. Hierzu wurde die Linienemission des Indiums sowie die molekulare Emission des Indiumiodidmoleküls betrachtet. Die Linienemission wurde druckverbreitert mit der Annahme eines Lorentz-Profils modelliert. Für die molekulare Emission wurde ein Modell der molekularen Emission des Schwefeldimers auf das Indiumiodidmolekül übertragen. Die Strahlungsentstehung wurde durch semiklassische Ansätze mit den elektronischen Potentialkurven des Indiumiodids beschrieben.

Durch das Lösen der Strahlungstransportgleichung konnten die theoretischen und die experimentell gewonnenen spektralen Strahldichten einander gegenübergestellt werden. Eine gute quantitative Übereinstimmung konnte durch die Verwendung einer Zwei-Parameter-Näherung erzielt werden. Sowohl der kontinuierliche Strahlungsanteil der Entladung als auch die selbstinvertierte Absorptionslinie bei $\lambda = 400\,\mathrm{nm}$ konnten dadurch erstmals erklärt werden. Die Entstehung kontinuierlicher Strahlung konnte auf den molekularen $^3\Pi_{0+} \rightarrow {}^1\Sigma^+$ Übergang und den molekularen $^3\Pi_1 \rightarrow {}^1\Sigma^+$ Übergang des Indiumiodids zurückgeführt werden. Die quantitative Übereinstimmung zwischen Theorie und Experiment wurde nicht erzielt. Dies ist in folgenden Arbeiten näher zu untersuchen.

LITERATURVERZEICHNIS

[1] T. Edison, US Patent USD223 898 18 791 104, 1880.

[2] Bundesministerium für Bildung und Forschung, "Optische Technologien, Wirtschaftliche Bedeutung in Deutschland," 2007.

[3] H. Hess and K. Weltmann, "Plasma Light Sources - Presence and Future," *Vakuum in Forschung und Praxis 18*, vol. 4, pp. 7–11, 2006.

[4] Das Europäische Parlament und der Rat der Europäischen Union, "Richtlinie 2005/32/EG des europäischen Parlaments und des Rates," Amtsblatt der Europäischen Union, 7 2005.

[5] R. Kling and C. Kaiser, "Potenzial der Hochdruckentladungslampen," in *Proceedings of Licht 2010, 19te LITG Tagung, Wien, Österreich*, 2010.

[6] M. Figueiro, "An overview of the non-visual effects of light: implication for new light sources and lighting systems design," in *Proceedings of the 13th International Symposium on the Science and Technology of Lighting*, 2012, pp. 23 – 37.

[7] C. Mayr, "Bulb Fiction," Dokumentarfilm, 5 2011.

[8] K. Stockwald, H. Kaestle, and H. Ernst, "High Efficient Metal Halide HID Systems with Acoustically Stabilized Convection," in *Light Sources 2012, Proceedings of the 13th International Symposium on the Science and Technology of Lighting*, 2012, pp. 133 – 134.

[9] K. Stockwald, "Hg-free ceramic metal halide lamp systems with enhanced red rendering and good dimming characteristics," in *Proceedings of the 10th International Symposium on the Science and Technology of Light Sources Toulouse, France,18-22 July 2004*, 2004, pp. 331 – 332.

[10] N. Tesla, "Experiments with Alternate Currents of Very High Frequency and Their Application to Methods of Artificial Illumination, Delivered before the American Institute of Electrical Engineers, Columbia College, NY," Nachdruck von Wilder Publications 2007, 1891.

[11] V. Godyak, "Bright idea, radio-frequency light sources," *Industry Applications Magazine, IEEE*, vol. 8, no. 3, pp. 42 –49, 2002.

[12] H. van der Heijden, J. van der Mullen, J. Baier, and A. Körber, "Radiative transfer of a molecular S2 B-X spectrum using semiclassical and quantum-mechanical radiation coefficients," *Journal of Physics B*, vol. 35, pp. 3633–3654, 2002.

[13] A. Neate and G. Lister, "Microwave-powered metal halide discharge lighting systems," in *Light Sources 2012, Proceedings of the 13th International Symposium on the Science and Technology of Lighting*, 2012, pp. 185 – 192.

[14] A. Neate and B. Preston, UK Patent WO 2012/004 557 A1, 2012.

[15] R. Gilliard, M. DeVencis, A. Hafidi, D. O' Hare, and G. Hollingsworth, "Operation of the LiFi Light Emitting Plasma in Resonant Cavity," *IEEE Transactions on Plasma Science*, vol. 39, pp. 1026–1033, 2011.

[16] M. Moisan and Z. Zakrewski, *Plasma Technology, 4 Microwave Excited Plasmas.* Elsevier, Amsterdam, London, New York, Tokyo, 1992, ch. Surface-Wave Plasma Sources, pp. 123–180.

[17] R. Gilliard, M. DeVencis, A. Hafidi, D. O' Hare, and G. Hollingsworth, "Longitudinally mounted light emitting plasma in a dielectric resonator," *Journal of Physics D: Applied Physics*, vol. 44, p. 224008 8pp, 2011.

[18] D. Doughty, "Electrodeless HID Metal Halide Lamp System," in *Light Sources 2012, Proceedings of the 13th International Symposium on the Science and Technology of Lighting*, 2012.

[19] A. Hafidi, S. Mudunuri, M. DeVentis, R. Gilliard, and W. Lapatovich, "The use of acoustic resonances to improve performance of horizontal arcs in electrodeless lamps," in *Light Sources 2012, Proceedings of the 13th International Symposium on the Science and Technology of Lighting*, 2012.

[20] P. Flesch, *HID Lamps.* Flesch, 2005.

[21] H. Popp, *Optische Strahlungsquellen.* Lexika-Verlag, 1977, ch. Hochdruckgasentladungslampen, pp. 157–203.

[22] M. Barrault and G. Jones, "Practical Arcing Environments Arc Plasma Diagnostics," in *Physics of ionized gases 1974, Proceedings of invited lectures given at the 7th YUGOSLAV SYMPOSIUM AND SUMMER SCHOOL ON THE PHYSICS OF IONIZED GASES*, 1974, pp. 701–808.

[23] W. Rieder, *Plasma und Lichtbogen*. Friedr. Vieweg & Sohn, Braunschweig, 1967.

[24] B. Schalk, "Funktionsprinzip des Entladungsplasmas quecksilberhaltiger Metallhalogenidlampen," Dissertation, Technische Universität München, 2007.

[25] A. Piel, *Plasma physics: An Introduction to laboratory, space, and fusion plasmas*, A. Piel, Ed. Springer Verlag, 2010.

[26] F. F. Chen, *Introduction to Plasma Physics and Controlled Fusion: Plasma physics*, F. F. Chen, Ed. Plenum Press, 1974.

[27] L. Spitzer and R. Härm, "Transport phenomena in a completely ionized gas," *Physical Review*, vol. 89, pp. 977–981, 1953.

[28] S. Kytzia, "Analyse, Optimierung und Entwicklung von Mikrowellen-angeregten Plasmaquellen mittels numerischer Simulation," Dissertation, Bergische Universität Wuppertal, 2009.

[29] H. Drawin, *Reactions under Plasma Conditions*. Wiley-Interscience, New York, London, Sydney, Toronto, 1971, ch. Thermodynamic Properties of the Equilibrium and Nonequilibrium States of Plasma.

[30] I. Godnew, *Berechnung thermodynamischer Funktionen aus Moleküldaten*. VEB Deutscher Verlag der Wissenschaft, 1963.

[31] J. Friedrich, *Technisch-wissenschaftliche Abhandlungender Osram-Gesellschaft 9. Band*. Springer-Verlag, Berlin, Heidelberg, New York, 1967, ch. Über Ionisierungs- und Dissoziationsvorgänge in einer Metalljodid-Hochdruckentladung, pp. 15–28.

[32] P. Schulz, *Elektronische Vorgänge in Gasen und Festkörpern 2. Auflage*. G. Braun Karlsruhe, 1974.

[33] R. Dohlus, *Photonik: Physikalisch-technische Grundlagen der Lichtquellen, der Optik und des Lasers*. Oldenburg Wissenschaftsverlag GmbH, 2010.

[34] R. Fowler, *An Introduction to Discharge and Plasma Physics*. Department of University Extension, The University of New England, ARMIDALE, 1964, ch. Radiation from Gas Discharges, pp. 193 – 203.

[35] H. Haken and H. C. Wolf, *Molekülphysik und Quantenchemie*. Springer Berlin Heidelberg, 2006.

[36] G. Lister, J. Lawler, W. Lapatovich, and V. Godyak, "The physics of discharge lamps," *Reviews of modern Physics*, vol. 76, pp. 543 – 598, 2004.

[37] H. Griem, *Spectral Line Broadening by Plasmas*. Academic Press New York London, 1974.

[38] W. Wiese, *Plasma Diagnostic Techniques*. Academic Press New York London, 1965, ch. 6. Line Broadening, pp. 265–317.

[39] H. Griem, *Principles of Plasma Spectroscopy*. Cambridge University Press, 1997.

[40] N. De Vries, "Spectroscopic study of microwave induced plasmas exploration of active and passive methods," Dissertation, Technische Universiteit Eindhoven, 2008.

[41] S. Büscher, "Untersuchung Stark-verbreiterter Spektrallinien von Wasserstoff und Helium II," Dissertation, Ruhr Universität Bochum, 2000.

[42] H. Zwicker, *Plasma Diagnostics*. North-Holland Publishing Company Amsterdam, 1968, ch. Evaluation of Plasma Parameters in optical thick Plasmas, pp. 214 – 249.

[43] J. de Groot and J. van Vliet, *The High-Pressure Sodium Lamp*. Philips technical Library, Kluwer Technische Boeken B.V. Deventer Antwerpen, 1986.

[44] H. Bartels, "Der Einfluß erzwungener Übergänge und starker kontinuierlicher Emission auf die Linienkontur bei inhomogener Schicht," *Zeitschrift für Physik*, vol. 136, pp. 411 – 440, 1953.

[45] R. McWhirter, *Plasma Diagnostic Techniques*. Academic Press New York London, 1965, ch. Spectral Intensities, pp. 265–317.

[46] W. Heering, *Technische Temperaturmessung*.   Springer-Verlag Berlin Heidelberg New York, 2004, ch. 15 Spektroskopische Temperaturmessung, pp. 1201 – 1227.

[47] M. Lambrecht, "Untersuchungen an Quecksilberhochdrucklampen zur effizienten Erzeugung ultravioletter Strahlung," Dissertation, Universität Fridericiana Karlsruhe, 1998.

[48] M. Born and T. Jüstel, "Chemie in Lampen, Elektrische Lichtquellen," *Chem. unserer Zeit*, vol. 40, pp. 294–305, 2006.

[49] S. Hansen, "The Vapor Pressure of Lamp Materials," APL Engineered Materials, Inc, Tech. Rep., 2000.

[50] M. Heald and C. Wharton, *Plasma diagnostics with microwaves*.   John Wiley and Sons In. New York - London - Sydney, 1965.

[51] J. Marec, E. Bloyet, M. Chaker, P. Leprince, and P. Nghiem, *Electrical Beakdown and Discharges in Gases; Part B: Macroscopic Processes and Discharges*. Plenum Press, New York - London, 1981, ch. Microwave Discharges, pp. 347–382.

[52] J. Kim, K. Kim, D. Wo, and H. Yoon, "Electrodeless HID Lamps Excited by Circularly-Polarized Microwave Discharges," in *LS-WLED 2010, Proceedings of the 12th International Symposium on the Science and Technology of light sources and the 3rd White LED conference, Juli 11-16, 2010, Eindhoven, The Netherlands*, 2010.

[53] G. Lister, M. Bowden, and N. Braithwaite, "Optical Emission Spectroscopy of High Efficiency Microwave Light Source," in *Light Sources 2012, Proceedings of the 13th International Symposium on the Science and Technology of Lighting*, 2012, pp. 137 – 138.

[54] T. Mizojiri, Y. Morimoto, and M. Kando, "Emission Properties of Compact Antenna-Excited Super-High Pressure Mercury Microwave Discharge Lamps," *Japanese Journal of Applied Physics*, vol. 46, pp. 3573–3578, 2007.

[55] T. Mizojiri, M. Ikeuch, Y. Moritmoto, and M. Kando, "Compact Sulphur Lamps Operated by Antenna-Excited Microwave Discharge," *Japanese Journal of Applied Physics*, vol. 47, pp. 8012–8016, 2008.

[56] M. Shido, Y. Onada, T. Serita, and M. Kando, "Luminous efficacy of compact high-pressure metal-halide microwave discharge lamps," in *XXVII th ICPIG, Eindhoven, Netherlands*, 2005.

[57] M. Kando, T. Fukaya, Y. Ohishi, T. Mizojiri, Y. Morimoto, M. Shido, and T. Serita, "Application of an antenna excited high pressure microwave discharge to compact discharge lamps," *Journal of Physics D: Applied Physics*, vol. 41, p. 144026 (10pp), 2008.

[58] M. Kando, T. Fukaya, and T. Mizojiri, "Numerical analysis of antenna-excited microwave discharge lamp by finite element method," in *28th ICPIG 2007, Praque, Czech Republic*, 2007.

[59] B. A. V. A. Godyak, R. B. Piejak, "Electrical characteristics and electron heating of an inductively coupled argon discharge," *PlasmaSources Sci. Technol.*, vol. 3, pp. 169–179, 1994.

[60] G. Lister, J. Curry, and J. Lawler, "Power balance in highly loaded fluorescent lamps," *J. Phys. D: Appl. Phys.*, vol. 37, pp. 3099–3206, 2004.

[61] M. Chaker, M. Moisan, and Z. Zakrzewski, "Microwave and RF surface wave sustained discharges as plasma sources for plasma chemistry and plasma processing," *Plasma Chemistry and Plasma Processing*, vol. 6, pp. 79–96, 1986.

[62] M. Moisan, J. Pelletier, C. M. Ferreira, Z. Zakrzewski, G. Sauvé, J. Margot, T. W. Johnston, J. Musil, R. A. Gottscho, Y. Arnal, R. Burke, and G. Matthieussen, *Plasma Technology, 4 Microwave Excited Plasmas*, J. P. M. Moisan, Ed. Elsevier Science Publishers B.V, Amsterdam, Netherlands, 1992.

[63] M. Moisan, C. Ferreira, Y. Hajlaoui, D. Henry, J. Hubert, R. Pantel, A. Ricard, and Z. Zakrewski, "Properties and applications of surface wave produced plasmas," *Revue Phys. Appl*, vol. 17, pp. 707–727, 1982.

[64] M. Moisan, M. Chaker, Z. Zakrewski, and J. Paraszczak, "The waveguide surfatron: a high power surface-wave launcher to sustain large-diameter dense plasma columns," *Journal of Physics E: Sci. Instrum.*, vol. 1356, pp. 1356–1361, 1987.

[65] M. Moisan and Z. Zakrewski, "Plasma sources based on the propagation of electromagnetic surface waves," *Journal of Physics D: Applied Physics*, vol. 24, pp. 1025–1048, 1991.

[66] M. Moisan, Z. Zakrewski, and R. Pantel, "The theory and characteristics of an efficient surface wave launcher (surfatron) producing long plasma columns," *Journal of Physics D: Applied Physics*, vol. 12, pp. 219–238, 1979.

[67] M. Moisan, A. Shivarova, and A. Trivelpiece, "Experimental investigations of the propagation of surface waves along a plasma column," *Plasma Physics*, vol. 1124, pp. 1331–1400, 1982.

[68] Vrugt, UK Patent WO2008/068 666 A2, 2008.

[69] NIST, "Atomic Spectra Database," [Online]. Available: http://physics.nist.gov/asd.

[70] W. Meggers, C. Corliss, and B. Scribner, *Table of Spectral-Line Intensities, Part II Arranged by Wavelengths.* National Bureau of Standards Monograph, 1961.

[71] G. Harrisson, *MIT Wavelength Tables*, G. Harrisson, Ed. The M.I.T. Press, 1969.

[72] A. Striganov and N. Sventitskii, *Tables of Spectral Lines of Neutral and Ionized Atoms.* IFI/Plenum, New York-Washington, 1968.

[73] R. Pearse and A. Gaydon, *The Identification of Molecular Spectra, 2nd Edition.* John Wiley & Sons Inc. New York, 1950.

[74] E. Nasser, *Fundamentals of gaseous ionization and plasma electronics.* Wiley-Interscience, 1971.

[75] H. Quarzglas, "Lamp Materials," Heraeus Holding, Tech. Rep., 2010.

[76] B. Kleiner, "Mündliche Übermittlung," Bernd Kleiner, arbeitet als Glasbläser am Lichttechnischen Institut des Karlsruher Instituts für Technologie. Die Informationen bauen dabei vorwiegend auf Erfahrungswerten auf.

[77] M. Ohnesorg, "Berichte des Forschungszentrums Jülich; 4171 Untersuchungen zur Hochtemperaturchemie quecksilberfreier Metallhalogenid-Entladungslampen mit keramischem Brenner," Forschungszentrum Jülich, Tech. Rep., 2005.

[78] M. Rabasovic, V. Kelemen, S. Tosic, D. Sevic, M. Dovhanych, V. Pejcev, D. Filipovic, E. Remeta, and B. Marinkovic, "Experimental and theoretical study of the elastic-electron indium-atom scattering in the intermediate energy range," *Physical Review A*, vol. 77, pp. 1–11, 2008.

[79] NIST, "NIST-JANAF Thermochemical Tables," [Online]. Available: http://physics.nist.gov/janaf/.

[80] I. Barin, *Thermochemical Data of Pure Substances*, I. Barin, Ed. Wiley-VCH Verlag GmbH, 1989.

[81] W. Funk, G. Hartel, and H. Kloss, "Über die Plasmazusammensetzung in Quecksilberhochdrucklampen mit Zusätzen von Natrium-, Thallium- und Indiumjodid," Zentralinstitut für Elektronenphysik der DAW und Kombinat VEB NARVA, Tech. Rep., 1970.

[82] G. Herzberg, *Molecular Spectra and Molecular Structure, 1 Spectra of Diatomic Molecules. 2. Edition*, G. Herzberg, Ed. D. VAN NOSTRAND COMPANY, INC. PRINCETON, NEW JERSEY TORONTO LONDON NEW YORK, 1959.

[83] S. Fraga, K. Saxena, and J. Karwowski, *Handbook of atomic data*, Fraga, Serafin, Ed. Elsevier Scientific Pub. Co, Amsterdam New York, 1976.

[84] C. Johnston, H. van der Heijden, G. Janssen, J. van Dijk, and J. van der Mullen, "A self-consistent LTE model of a microwave-driven, high-pressure sulfur lamp," *J. Phys. D: Appl. Phys.*, vol. 35, pp. 342–351, 2002.

[85] C. Johnston, "Transport and equilibrium in molecular plasmas: the sulfur lamp," Dissertation, Technische Universität Eindhofen, 2002.

[86] S. Vempati and W. Jones, "The Spectra and Structure of Indium iodide : Potential Energy Curves and Dissociation Energies of the X O + , A O + , and B 1 States," *Journal of Molecular Spectroscopy*, vol. 127, pp. 232–239, 1988.

[87] M. Wehrli and E. Miescher, "Spektroskopische Untersuchung dampfförmiger Indiumhalogenide," *Helv. Phys. Acta*, vol. 7, p. 298, 1934.

[88] M. Wehrli, "Das anormale Verhalten der Intensität im Bandenspektrum von Indiumiodid," *Helv. Phys. Acta*, vol. 9, p. 587, 1936.

[89] J. Krochmann, et. all., "The Measurement of Luminous Flux," International Commission on Illumination, Tech. Rep., 1989.

[90] M. Paravia, "Effizienter Betrieb von Xenon-Excimer-Entladungen bei hoher Leistungsdichte," Dissertation, Karlruher Intitut für Technologie, 2010.

[91] K. Trampert, "Ladungstransportmodell dielektrisch behinderter Entladungen," Dissertation, Universität Karlsruhe, 2008.

[92] H. Baehr and K. Stephan, *Wärme und Stoffübertragung*, H. Baehr and K. Stephan, Eds.   Springer Heidelberg Dordrecht London New York, 2010.

[93] R. Dagnall, K. Thompson, and T. West, "Studies in atomic-fluorescence spectroscopy-IV; The fluorescence characteristics and analytical determination of bismuth and iodine electrodeless discharge tube as source," *Talanta*, vol. 14, pp. 1467–1475, 1967.

[94] W. Elenbaas, "Die Gesamtstrahlung der Quecksilber Hochdruckentladung als Funktion der Leistung des Durchmessers und des Druckes," *Physica IV*, vol. 6, pp. 413–417, 1937.

[95] ——, "Der Gradient der Überhochdruck-Quecksilber Entladung," *Physica IV*, vol. 4, pp. 279–284, 1937.

[96] ——, "Über das kontinuierliche Spektrum des Quecksilberbogens," *Physica VI*, vol. 9, pp. 299–302, 1939.

[97] Osram, "P-vip replacement lamps," Osram, Tech. Rep., 2011.

[98] H. Schirmer and u. a., *Technisch-wissenschaftliche Abhandlungen der Osram-Gesellschaft 9. Band*, A. Lompe, Ed.   Springer, Berlin Heidelberg New York, 1967.

[99] H. Schirmer, *Technisch-wissenschaftliche Abhandlungen der Osram-Gesellschaft 9. Band*.   Springer-Verlag, Berlin, Heidelberg, New York, 1967, ch. Temperaturbestimmung an einer Metalljodid-Hochdruckentladung, pp. 39–50.

[100] H. Grabner and M. Zauter, *Technisch-wissenschaftliche Abhandlungen der Osram-Gesellschaft 9. Band.* Springer-Verlag, Berlin, Heidelberg, New York, 1967, ch. Indiumjodid-Hochdrucklampen für Projektionszwecke, pp. 29–38.

[101] B. Kühl and A. Dobrusskin, *Technisch-wissenschaftliche Abhandlungen der Osram-Gesellschaft 9. Band.* Springer-Verlag, Berlin, Heidelberg, New York, 1967, ch. Quecksilberhochdrucklampen mit Jodzusätzen, pp. 15–28.

[102] H. Maecker and T. Peters, "Das Elektronenkontinuum in der Säule des Hochstromkohlebogens und in anderen Bögen," *Zeitschrift fur Physik,* vol. 139, pp. 448–463, 1954.

[103] R. Gilliard, M. DeVencis, A. Hafidi, D. O' Hare, and G. Hollingsworth, "Physics and Chemistry of the LiFi Lamp Light Emitting Plasma in a Resonant Dielectric Cavity," in *LS-WLED 2010, Proceedings of the 12th International Symposium on the Science and Technology of Light Sources and the 3rd International Conference on White LEDs and Solid State Lighting,* 2011.

Abbildungsverzeichnis

1.1   Aufteilung des Lampenmarktes in Lampenklassen 2

2.1   Termschema von Indium 20
2.2   Y-Funktion nach der ein Parameter Näherung 27
2.3   Schematische Darstellung zur Entstehung der Selbstabsorption . . 29
2.4   Termschema zur Rekombinations- und Bremsstrahlung 31
2.5   Potentialkurve eines zweiatomigen Moleküls 33
2.6   Strahlende Molekülübergänge 34
2.7   Verdeutlichung zur numerischen Lösung der
Strahlungstransportgleichung 37

3.1   Spektrum einer Schwefellampe 49
3.2   Schema des Prinzips zur Antennenanregung 51
3.3   Betrieb einer InI basierten Entladung in einer Luftspule 53
3.4   Feldverteilung einer Oberflächenwelle in einem durch ein
Glasrohr begrenzten Plasma 56
3.5   Schemazeichnung Surfatron 58
3.6   Aufprägung der Oberflächenwelle auf ein Plasma am
Koppelspalt 60

4.1   Gegenüberstellung von Zündspannungen unterschiedlicher
Edelgase 65
4.2   Gegenüberstellung der Edelgaseigenschaften für
Startgasfüllungen 67
4.3   Dampfdrücke der verwendeten Leuchtgase 69
4.4   Liniendiagramme der als Leuchtgas genutzten Komponenten . . . 71

4.5   Gegenüberstellung der Leuchtgaseigenschaften als Reingase   . . .   73

4.6   Liniendiagramme der verwendeten Komponenten zum
Auffüllen des sichtbaren Spektralbereichs   76

4.7   Dampfdrücke der verwendeten Additive zum Auffüllen des
sichtbaren Spektralbereichs   78

4.8   Dampfdrücke der verwendeten Materialien zur Anpassung der
Plasmaeigenschaften   80

5.1   Teilchendichteverteilung in der mit Argon gepufferten
Indiumiodidentladung nach Modell 1   91

5.2   Zusammensetzung der effektiven Stoßfrequenz nach Modell 1   . .   93

5.3   Übersicht über die Temperaturabhängigkeit der komplexen
Leitfähigkeit und der komplexen Permittivität   95

5.4   Skintiefe der Entladung in Abhängigkeit der Temperatur   96

5.5   Teilchendichteverteilung in der mit Argon gepufferten
Indiumiodidentladung nach Modell 2   104

5.6   Abhängigkeit des Emissionskoeffizienten für Linienstrahlung
von der Temperatur und der Wellenlänge   107

5.7   Potentialkurven des Grundzustands und der ersten beiden
angeregten Zustände des Indiumiodids   109

5.8   Wellenlängenabhängigkeit vom Atomkernabastand des
Indiiumiodidmoleküls für die verwendeten Übergänge   112

5.9   Errechnete molekulare wellenlängenabhängige
Emissionskoeffizienten des Indiumiodids in Abhängigkeit von
der Temperatur   113

5.10 Gegenüberstellung der Emissions- und Absorptionskoeffizienten
aus der zwei Parameter Näherung zur Kombination der
Linien- und Molekülemission   116

6.1   Schnittdarstellung des verwendeten Surfatrondesigns   123

6.2   Simulation der Surfatronstruktur im Leerlauf   125

6.3   Verdeutlichung zur Mikrowellenreflexion am Ende von
Plasmasäulen   126

6.4   Halbzeuge der Prozesse zur Lampenfertigung   129

6.5   Schemazeichnung zur Leistungsversorgung und Messung 133

6.6   Prinzipdarstellung des gonioradiometrischen Aufbaus 137

6.7   Sucherbild der Top 200 Teleskopoptik 139

6.8   Prinzipskizze der durchlichtgestützten Thermografiemessung . . . 145

6.9   Thermogramme der durchlichtgestützten Temperaturbestimmung 147

7.1   Laboraufbau zur Untersuchung der Antennenanregung 151

7.2   Darstellung der Lampen zur Antennenanregung 152

7.3   Vergleich der spektralen Eigenschaften der Lampe bei
       Antennenanregung und EVG-Betrieb 154

7.4   Detaildarstellung der Bogenentladung bei Betrieb mit EVG und
       Antennenanregung 157

8.1   FEM Simulationen zur Ausbreitung von Oberflächenwellen auf
       Indiumiodidentladungen 164

8.2   Abstrahlcharaktersitik in Abhängigkeit der in die Entladung
       eingekoppelten Leistung 168

8.3   Auf den Abstand normierte Konversionsfaktoren zwischen
       Detektorbeleuchtungsstärke und Lichtstrom des
       Surfatron-Lampen-Systems 171

8.4   Reflexionsverhalten von Messing 172

8.5   Spektrum der mikrowellenangeregten mit Argon gepufferten
       Indiumiodidentladung 175

8.6   Spektrum der mikrowellenangeregten mit Argon gepufferten
       Germaniumiodidentladung 178

8.7   Spektrum der mikrowellenangeregten mit Argon gepufferten
       Magnesiumiodidentladung 181

8.8   Zusammensetzung der Mischentladung bestehend aus
       Indiumiodid, Germaniumiodid und Magnesiumiodid 183

8.9   Gegenüberstellung der Lichtströme der verschiedenen
       Konfigurationen der Leuchtgase in Abhängigkeit der Leistung . . 185

8.10   Abhängigkeit des Lichtstroms von der eingekoppelten
       Leistung für verschiedene Indiumiodidkonzentrationen 191

8.11 Gegenüberstellung der mit Ceriodid und Diiodid gepufferten Indiumiodidentladungen mit der ungepufferten Indiumiodidentladung 195

8.12 Gegenüberstellung der Abhängigkeit des Lichtstroms von der Leistung für mit Diiodid und Ceriodid gepufferte Indiumiodidentladungen 197

8.13 Gegenüberstellung der mit Natriumiodid und Dysprosiumiodid angereicherten Indiumiodidentladung und der reinen Indiumiodidentladung 200

8.14 Gegenüberstellung der Abhängigkeit des Lichtstroms von der Leistung für mit Natriumiodid und Dysprosiumiodid angereicherten Indiumiodidentladungen 201

8.15 Spektrum der mit Ceriodid, Natriumidid und Dysprosiumiodid angereicherten Indiumiodidentladung 203

8.16 Gegenüberstellung der Abhängigkeiten des Lichststroms von der Leistung für die mit Ceriodid, Natriumiodid und Dysprosiumiodid angereicherten Indiumiodidentladung 204

8.17 Niederschlag im Lampenkörper nach dem Betrieb 205

8.18 Gegenüberstellung der erzielten Lichtausbeuten und Farbwiedergabeindizes mit kommerziellem Produkt 209

9.1 Thermografisch gewonnenen Strahldichteprofile der Indiumiodidentladung 215

9.2 Radiales Temperaturprofil der Indiumiodidentladung 217

9.3 Örtlich aufgelöste spektrale Strahldichteverteilung der Indiumiodidentladung 219

9.4 Gegenüberstellung der experimentell und theoretisch gewonnenen Absorptionskoeffizienten bei $\lambda = 2500\,\mathrm{nm}$ 222

9.5 Gegenüberstellung der theoretischen spektralen Strahldichten der Linienemission und der molekularen Emission und den Messwerten 225

9.6 Vergleich der experimentellen spektralen Strahldichten mit der Lösung der zwei Parameter Näherung 229

Tabellenverzeichnis

5.1   Atomradien und resultierende Wechselwirkungsquerschnitte nach Modell 1 92

5.2   Massen der an Modell 2 beteiligten Spezies 103

5.3   Parameter zur Berechnung der Linienemission in Modell 2 106

7.1   Gegenüberstellung der Lichtströme der Antennenanregung mit demjenigen der klassischen Anregung 155

8.1   Gebietsbedingungen der Komponenten 163

8.2   Randbedingungen der Struktur 163

8.3   Gebietsbedingungen des Plasmas 163

DANK

Diese Arbeit entstand am Lichttechnischen Institut des Karlsruher Instituts für Technologie in der Arbeitsgruppe Licht- und Plasmatechnologie unter der Leitung von Herrn Dr.-Ing. Rainer Kling.

Mein besonderer Dank gilt Herrn Prof. Dr.-Ing. Wolfgang Heering, der mir durch seine wissenschaftliche Betreuung und seinen fachmännischen Rat während dieser Arbeit zur Seite stand. Herrn Prof. Dr. Dr. h.c. Manfred Thumm danke ich für die freundliche Übernahme des Korreferats und Herrn Dr. Rainer Kling für die Aufnahme in seine Arbeitsgruppe, das entgegengebrachte Vertrauen und die fachliche Betreuung der Arbeit. Darüber hinaus möchte ich dem Institutsleiter Herrn Prof. Dr. rer. nat. Uli Lemmer für die Aufnahme an seinem Institut und die Unterstützung während des Zulassungsverfahrens zur Promotion danken.

Einen außerordentlichen Dank richte ich an Herrn Prof. Dr. Peter Pokrowsky, der mir im Vorfeld der Doktorarbeit sowie während der Zeit am Lichttechnischen Institut stets mit Rat und Tat auf fachlicher sowie privater Ebene zur Seite stand.

Neben den bereits genannten Personen sollen auch diejenigen nicht vergessen bleiben, die mich während den letzten Jahren begleitet haben. Danken möchte ich daher Herrn Dr. Mathias Bach und Herrn Celal Mohan Ögün für die Zusammenarbeit als Kollegen und die Unterstützung als Freunde. Auch meinen wissenschaftlichen Hilfskräften, die mich langjährig begleitet haben, gebührt erheblicher Dank. In besonderem Maße möchte ich mich stellvertretend für alle anderen bei Herrn Mario Planeck, Frau Claudia Hößbacher, Herrn Markus Katona und Herrn Robert Gust für ihre Zusammenarbeit bedanken.

Die wissenschaftlichen Untersuchungen wurden durch die handwerklich hervorragenden Arbeiten von Herrn Bernd Kleiner ermöglicht, der es immer wieder schaffte Unmögliches möglich zu machen, wofür ich ihm danken möchte. Auch die Arbeiten der mechanischen Werkstatt des Lichttechnischen Instituts unter der Leitung von Herrn Mario Sütsch soll nicht unerwähnt bleiben. Bei seinem kompletten Team möchte ich mich für die gute Zusammenarbeit bedanken.

Der gesamten Arbeitsgruppe danke ich für die stetige Hilfsbereitschaft und die freundliche Arbeitsatmosphäre.

Ein ganz besonderer Dank gehört meinen Eltern für den Rückhalt und die Unterstützung während meines Studiums und der Promotion. Der größte Dank gehört jedoch der zweiten Person in meinem Team, meiner Lebensgefährtin Mareike Lill für ihre Geduld, ihr Verständnis und ihrer Unterstützung während der Entstehung dieser Arbeit.

LEBENSLAUF VON CHRISTOPH KAISER

Persönliche Daten

Name	Christoph Kaiser
Geboren am	07. 01. 1984
in	Marburg an der Lahn
Staatsangehörigkeit	Deutsch

Schulbildung

1996-2003	Hofenfels-Gymnasium, Zweibrücken Allgemeine Hochschulreife

Studium

2003-2007	Fachhochschule Kaiserslautern Standort Zweibrücken Studium zum Dipl. Ing. (FH) Mikrosystemtechnik
2007-2009	Fachhochschule Kaiserslautern Standort Zweibrücken Studium zum M. Eng. Microsystems Technology

Berufliche Tätigkeiten

2007 - 2008	Fachhochschule Kaiserslautern, Standort Zweibrücken Projektingenieur
2009 - 2013	Karlsruher Institut für Technologie, Lichttechnisches Institut Wissenschaftlicher Angestellter / Doktorand